U0323208

把美好带回家

Bring Mehos Home

主编 Mehos生活研究院

序一

美好的家，心灵的“容器”

曹可凡/文

作为土生土长的上海人，我对海派老家具相当痴迷。身边有一群志同道合的朋友会在闲暇时分享多年的精品收藏。这些带着故人生活痕迹、代表旧时摩登家居风潮的老家具，还真有神奇的画龙点睛作用，在我的节目中偶尔充当重要布景时，几乎每次都能引起那些名人嘉宾的注意。因为有家的氛围，在镜头之前打开彼此的话匣子也变得轻松容易得多。

这可能就是家的永恒魅力。

关于家，关于居住，人们永远有说不完的话题。

不只是上海，中国人的居住观念一直随着社会的经济发展发生改变。每个时代都会有一种家居风格唱主调，比如，明式家具、海派家具就分别对应了不同年代的居住时尚。而在母亲和我这一辈，尽管整个社会的物质条件一度匮乏，但即便生活再清贫，女孩子的嫁妆之中总会有一只由年高德厚的老匠人手工制作、准备留作传世之用的樟木箱。

而现在，在大多数的家庭之中，樟木箱早已不见踪迹，传世的如意算盘落了空。有人追求西方的奢华，家中硬装软装都要找名设计师捉刀，处处讲究。也有像我和我的朋友们这样一群执念“怀旧”的人。年轻人更多则偏好无印良品和北欧式的极简风。社会日新月异，西方文化的流入，传统观念的回潮，地域文化的消散和重聚，一次次的时代撞击之中，人们的价值观、审美观都趋于多元化，家居设计观念亦是如此。

一千个家庭，就有千种不同需求，于是，家的设计不再千篇一律。生活大部分构成固然平淡，但一个美好的家却是人人都值得拥有的必需品。设计师的介入和点拨，在很大程度上也能帮助人们在琐碎的日常生活中实现微小却重要的期望。和那些标榜“高大上”格调、却与普通人生活保持距离的时尚家居杂志相比，我手头的这本《把美好带回家》显得接地气而不流俗。

恰到好处地应和了人们如何设计一个美好的家的普遍需求，是此书的一大亮点。这是一本以普通都市人的生活为视角，融合了知名设计师的案例杰作，声情并茂叙述人生百态，寓审美和实用指导于一体的家居设计书籍。如何让家更有利于亲子互动、让孩子愉快成长，如何让老人在家中度过宁静安逸的晚年，止不住买买买的剁手一族又该如何打造自己的家，还有专业设计师、社交达人、美食大厨、改造达人、嗜兰如命者、心心念念追求自然绿色生活的人，他们的家会呈现什么形态，都能在这本书中找到答案。令我印象深刻的还有那位宠爱猫咪的主人，巨细靡遗地让设计师绘制草图，只为了让爱宠在新家也能活动自如、舒服惬意。

这一切，很有趣，也很温馨。即便人生阅历各不相同，相信每位读者都不难从这些丰富的家居设计故事之中找到自己的影子。

这些普通而美好的家，作为平凡生活的基本载体，处处闪耀着人性和心灵的光芒。之前有一本很走红的书叫作《水知道答案》，说的是水结晶后的形状是否美丽，取决于赋予它情绪能量的人和事。虽然，此说法已被证伪，但这个故事倒给了我另一个启示：如果能找到一种真实的物质同人类的心灵进行类比，那我首选水。人的心灵就像是水，承载它的容器是什么形状，心灵就会呈现什么形状。而这个心灵“容器”，则有一个耳熟能详的名字——家。

古训有云“广厦千间，夜眠仅需六尺”，《把美好带回家》的表达主旨亦是如此。家不在大小，而在于居住者是否用心。懂得生活，领悟取舍之道，用合乎心意、隐含智慧的方式为心灵置办一个美妙的“容器”，你我都可以做到。

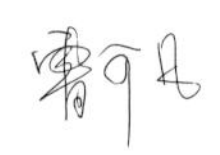

序二

心之所安谓之家，人人都是生活家

欧阳应霁/文

对于家的设计，我的标准再简单不过，英国名言“Home is where the heart is.”就足以囊括其中精华。翻译成中文，董桥先生的译法十分合宜：“家是心之所安”。

生活总有风浪，未来有着太多的不确定，太多的不安稳。香港、上海、北京，一系列迈着快步向前的城市尤甚，工作高压，生活节奏飞快，是这里经年的常态。城中还有很多人像我一样，一年中一半以上的时间都花在了旅行的路上。打拼或是在途中，总有无数次不得已的苟且，于是，“回家”成了抚慰都市人身心的“滋补鸡汤”。

心之所安，有家就好，哪怕只是一个小小的房间，我们都会愿意回家。《把美好带回家》说的其实就是一个个关于家的生动、平凡的小事。普通人也好，设计师亦罢，都要花费心力去营造心之所安、肉身的归宿。

我是设计科班出身的，虽然更多时候在“不务正业”地做自认为有趣的事情，但对于家、对于人们的居住状态，好奇心和观察却从未间断。我在著述中也说过，设计师是世界上最不应该存在的职业。这句话，其实是说，设计师只能凭经验和专业素养给出委托人合理的建议，但他们不能以此界定别人该怎么生活。

房子该怎么住，只有居住者本人最清楚，设计师要做的、该做的、能做的是，把这种需要挖掘出来，表达出来，为这些需求寻找合理的解决途径。这个观点对《把美好带回家》依旧成立。

不少富丽堂皇、耀眼炫目的室内家居装潢，其实都是设计师的一纸之想，并非使用者真正所需。和这些充满技巧却失于情趣的“画作”不同，实际生活是另外一回事。家有无限的包容力，但唯有一点，它容不下半点不切实际的虚妄。生活来得如此真实，要比一部小说、一幅静态的油画生动丰满得多。也正因如此，《把美好带回家》在主旨上的“真”，和图文表达上的“诚”，让我感到欣喜。

这部简单的小书，其中的故事让我联想起多年的友人和他们的居住习惯。我的好友、台湾作家叶怡兰，她的厨房犹如一面玻璃柜子，里面摆着各式茶杯。那是她的心头好，她习惯每天挑选不同的杯盏品茶。服装设计师邓达智，一直住在元朗的老宅子里。那房子有好几百年历史，里面保留了一批古老的木质桌椅。邓达智说，住老宅，用老木家具，那是他触摸经典香港的最好方法。同样，书中那些执着于以美食和相聚打造家的故事，让离不开美食的我因为感同身受而生出共鸣。

生活中各种小动作，最终会反映在家居设计上，外人看起来怪怪的，却是使用者真实人生的写照。其实，家对它的主人很无私。无论你是做音乐的、搞绘画的、或者教书写字，只要你真正了解自己的需求，沉下心来为你的家投入时间、精力，它就会成为你最精彩的作品。

但这并不是说，你必须费尽心思才能让这个家出彩。

追求简单和慢生活，我的家就一直没有什么太大变化。十多年，墙壁要上漆，算是翻新一次，但也仅此而已。家里的储物柜、饭桌、长椅等都是早年依据格局找师傅来度身定制。沙发是意大利品牌，十多年一直在用。硬件大致都不用再增添。只有书本、杂志和剪报，这些每天都在累积。可丢的都丢了，要留的又一直在增添。别为家和生活设太多条条框框。

当然，《把美好带回家》会成为我家中藏书的一景。宅在家中，信手翻来，触摸的却是真实生活。我希望看到它能有后续，让更多普通人和设计师能讲一讲他们和家的故事。心有所安之际，人人都是生活家。

欧阳应霁

序三

在艺术中生活，为生活而设计

王小慧/文

我是一名跨界艺术家。我在大学主修的是建筑，研究生主修的是室内设计，是当时全国第一个室内设计专业的第一个研究生，在同济大学。后来我去德国读建筑学博士学位，又学了电影，最后走上职业艺术家道路。做艺术家我先搞摄影，但不安分，又做雕塑、装置、新媒体等等，始终还离不开设计。我近年来的艺术创作与艺术项目，很多还是与建筑和室内相关，与人们的生活相关。

我一直提倡的理念是“Live in Art , Design for Life”，即“在艺术中生活，为生活而设计”，让艺术生活化，生活艺术化。设计师比艺术家更贴近生活，所有的设计都是为了让我们的生活与生活环境更美好、更艺术、更赏心悦目。而要做到这一切，自然离不开工艺师。早在欧洲启蒙时代，工艺师就受到与艺术家同样的尊重。他们崇尚的工匠精神，使艺术家与设计师的图纸完美地变为现实。

当我们谈论“为生活而设计”的时候，“家”是个圆心。现在人们都喜欢高谈阔论“生活方式”，而“家”是生活方式最重要的场所和最基本的物质载体，再美妙的理想也要脚踏实地，从“家”开始。

家是日常的，自在的；是本真的，成长的；是有温度的，有能量的；是有冲突的，却又可以和解的……不同的年代，不同的人生阶段，家的样子是不同的。早在20世纪80年代初，在物质相对贫乏的时代，我和最初被称为室内设计师的同道们就已经尝试用更合理、更实用的方式设计家居，随着当下个体意识的崛起，个体对自身内在精神需求的关注度增加，个人审美情趣逐渐显露，精神层面的追求也日益提升。因此，家也成为带有明显个人色彩的符号。

家，怎样算美好，怎样可以美好，这本书开宗明义。全书以家为载体，对家空间的设计以及空间内成员的生活方式和生活态度作了一次记录与呈现。这些家是普通的，也是典型的：一个人、两个人、“2+1（2）”的两代之家、三代同堂之家、年轻的蜗居之家、老人独居之家、中西合璧之家、家兼工作室、携宠物之家、养花草之家、会生长的收纳之家、环保绿色之家、美食社交之家等等。这些人，有自由职业者、前媒体人、编辑、建筑师、策展人、家居造型师、美食博主、品牌创始人、陶艺师，也有翻译、广告、金融、纺织等各行业的从业者……各样的生活方式、生活状态、空间处理模式，都在设法改变和完善自己的家。

只有当空间的尺度、格局、功能实现度与人的生理结构相协调，个人行为与建筑空间可以和谐对话时，人自然会对空间产生亲切感和愉悦感。小尺度空间内二人世界独立空间的保留；满足孩子当下不同功能需求并预留成长空间；在人的生活空间内布置宠物们的活动空间；在有限的空间内兼顾孩子、老人与年轻父母的需求，并实现美学居住。这是一个关于家的理想性、可能性与现实性的会通与融合的话题。

对于一个完整的家的设计，一半由设计师完成，另一半则由家庭成员根据自身需求来完成；每个人都可以成为“生活家”。

也许你不会像弗兰克·盖里那样，觉得哪里不对劲便在自家的墙上凿一个洞，当一束光射进来，才觉得家完整了。但是，当你自己的内在需求在家里得以呈现并且释放时，你的家也会变得慢慢完整了。

Life's attitude to you depends on your attitude to it!（生活给你的态度取决于你对待生活的态度。）

让我们都一起“为生活而设计”，做个“生活家”吧！

序四
家是生活的核心

梁景华 博士/文

无论单身贵族，新婚燕尔，有儿有女，三代同堂或是大宅豪门都是须要居住在室内空间，都是需要建立成“家”，而家的组成是人。人在空间内活动、起居、作息的行为是家最主要的功能，活在家中就等于有一个依靠、一个聚点、一个保障。家是生活的核心！

华人喜欢置业，喜欢拥有自己的房子，很多人为了购置物业而劳碌一生，耗尽大半生精力去供养“砖头”，为的是安居、安家，稳守内才能往外拼，没有乐居怎能安心干活？不安顿好家人怎能在商场驰拼？所以城市里面形形色色的居住空间供应给不同需求的人群去建立自己的安乐窝！改善而安定的追求就是人生的目标！

今天中国的发展是需要我们全面去探究怎样打造“美好家”，怎样去寻找更优质和更舒适的生活，从表面的视觉享受到实际功能，提升心灵层次，关怀生活细节，建立健康而宁静的环境，配置小孩成长所需，提供长者起居安全，正是“美好家”的基本价值！时代的改变和进步让我们更加意识到内敛、低调、实在和环保，正确的生活意识，健康绿色的生活态度才是真正的永恒和长久的追求！

中国的房子越来越贵，是经济富裕后的必然趋势，选择房子本是件不容易的事情，在好不容易找到适合的房子后就要面对如何装修、如何购置合适的家具灯具……真也不是易事！要打造合适和舒适的“美好家”往往要通过大量的思考，定位、规划、设计、订制、施工、细节处理和配置等，而且针对个人的生活习惯和需求，去找到法子满足所需，但这一切最关键的还是空间，空间的大小、结构的限制、采光的位置、景观、来水排水的位置是决定因素，我们需要在空间内做文章，按照需要，策划每一个空间，隔墙、用料、家具、灯具和配置去配合，当然内容可以千变万化，效果也很不一样，你可以自己动动脑袋，也可以依靠专业设计师。但设计师也有不同等级，不同资历，所以这个装修设计事宜实在太多学问、太多知识，若钻研下去，你会发掘出无穷的乐趣！

究竟现时一般小康社会怎样生活？怎么面对空间的限制？怎么解决各种收纳的问题？怎样让家中长者安全愉快的得到照顾？怎样应变家中添加一代之后的配置？怎样让绿色低碳融入生活？而室内设计师怎样利用智慧和专业想出法子去处理问题？他们的关注点在哪里？在这本充满爱和关怀的书内可以得到一些解答，或许使你多些关心周遭的环境和变化，或许得到一定的启示！

在这大时代的今天，若你能热爱生活，热爱生命，积极人生，必会心境自若，悠然自得，乐在其中！

前言

稍稍抬高洗衣机的摆放位置，让老人拿取衣物不用再吃力地弯腰；简单地一番混搭，打碎的石膏像就能成为别致的装饰灯；将阳台和卧室打通后微调，就能满足父母养花伺草、颐养天年的心愿；花一些心思打造书房，就可以用言传身教的方式培养孩子阅读的习惯。打造美好家，并不需要什么惊心动魄的恢弘手笔，恰恰相反，一处处用心的细节，就能成为平淡日子里的点睛之笔，就能唤起生活方式的无限可能。

这也是我们编撰、出版《把美好带回家》一书的初衷和主旨。

家的意义是什么？对舒适、美好、幸福的追求是亘古不变的真理：也许是久别重逢的感动；也许是午后暖阳的惬意；也许是一杯咖啡的问候；也许是和家人共进晚餐的欢笑；也许是与老友看一场酣畅淋漓的球赛的喝彩；也许是深夜晚归时，那盏灯火的温暖，还有听了无数遍的“路上小心”和“你回来了”。一千个人会给出一千种答案。我们编撰、出版《把美好带回家》一书，正是试图在这些千差万别的答案之中，透过芜杂的现象探索适用中国人当下生活形态的居住美学。

在这本书中，我们可以看到像餐厅一样的厨房、以书房为中心的九宫格居室、为方便老人按时服药而定制的小药格、把健身房和K歌房悉数搬到不大的家中、为爱宠特别打造的家具和动线的智慧。

除了专业设计师之外，书中的人物都是生活中的普通人。自由职业者、翻译、销售、工程师、退休教师，从他们身上不难找到自己的影子。简单的案例，没有样板房的奢华，不煽情不渲染，带着质朴的设计思维和生活态度。在“情”与“景”交融之中，这些人和我们一样，一点一滴用心经营着自己的美好家。

从这些故事之中，我们也很清醒地看到，家不只是对空间范围的划定。酣畅淋漓的一顿美食，传递的是弥足珍贵的友情。特制的猫柜、狗窝，诠释的是对爱宠的关爱，亦是爱人之间不可言说的美妙默契。为老人和孩子特设的空间，则折射出血浓于水的天伦之情的真实力量。家的故事不只是对空间的描摹，这方天地还承载着人和人、人和世界的关系。家常的食物、简单的问候，真诚的闲聊，纯粹而温暖的拥抱，让归属感、亲切感、爱情、友情等一系列情感在这个空间产生了微妙而复杂的化学反应，让家成为家。

设计始于生活，如果不切合使用者的真实需求，再绚烂如花、令人咋舌的设计技艺也只是流于形式。而把美好带回家，则让家变成了设计师和使用者合力完成的“集体作品”：设计师只能完成三至五成的工作，剩下的要靠宅邸主人自己来体会、摸索。生活永远在流动，打造一个美好家，不是一劳永逸的事情，随着年月变化，工作会调整、孩子会长大，家中老人的身心需要更细致的呵护和关照，人们的审美眼光也不会停留在原地。和人们心心念念的爱宠、绿植一样，家也是有生命的，让住宅成为“会生长的家”明显是一个更好的选择。

“回家是件美好的事”，纷扰喧嚣犹如过眼云烟，洗尽铅华，美好的家显得如此真实，我们会一直陪伴你左右，和你一起共筑梦想的家。谨以此书与君共勉。

目录

BRING HOME THE GOODNESS

把美好带回家

［撰文］ Simone｜《IDEAT 理想家》副主编

未来，始于现在

如果说，因为文字的出现从而促进了概念的进一步形成，那么，在这篇旨在探讨何谓“美好家”的文章伊始，我们或许有必要回过头来想一下古老汉字中“家”的含义。

最早出现在甲骨文里的“家”字，瘦小、干枯，形象地描绘了一头猪（豕）在一个屋顶下的情景。美国汉学家贾楠（Nancy Jervis）对它的象征意义曾经进行过一番详述：“‘家’的最根本特征便是一群具有某种关系的人聚在一起‘从一只锅里盛饭吃’。可以是指直意，一日三餐聚在一起吃，比如说吃‘猪肉’；也可以是指喻意，共同分享收入，比如说通过养猪积聚财富。此外，‘家’这个字还暗示了，所有家庭成员一起住在由‘屋顶’所代表的房子里。而且，这个字还说明，‘家’不仅是个生产单位，比如一起‘养猪’，而且还是个消费单位，比如一起吃‘猪肉’。”

除了关于“豕”的各种隐喻，我们同样需要注意的是这个甲骨文中的“家”在建筑学方面的提示。这个古老象形文字的结构很容易让人联想到那些最早的居所。今天，在半坡博物馆的黄土地上，仍然保留着存在于公元前四千多年的地基和埋土柱的坑，那里曾经建有人类新石器时代的房屋以及它们所构成的村落。在考古学家所复原的半坡住房里，人们能看到房屋中间装置了一个火塘，地面涂抹灰泥，屋顶由木柱支撑着，上面有很轻的椽子，椽子在烟道处相会，而最初，屋顶上很有可能覆盖着苇草。

六千多年过去了，时至今日，人类的居所都已经能脱离重力、飞向太空了。就在2016年的中秋之夜，CCTV新闻里播报了天宫二号实验室的发射，当这则新闻开始提及空间实验室的舱内设计时，它才开始真正引起了我的注意——在一个失重的环境中生活30天并非易事。据说，为了让航天员们拥有更好的生活与工作环境，天宫二号的设计师们系统地开展了宜居性设计，涉及衣食住行、声光、舱内装饰、降低噪声等各个方面；与此同时，他们还增加了一些辅助设施，比如，首次在空间实验室使用的可展开的多功能小平台，航天员可以在上面写字、吃饭或是做科学实验，生活工作两不误。好吧，电视直播中的真实空间看上去与《星球大战》或是《星际迷航》中的那些电影场景还是相去甚远。但据此，我们应该有理由相信，人类探索银河系甚至迁移至其他星球的梦想虽然遥远渺茫，但绝非无稽之谈。

当然，加入这场梦想之旅的，不只是各国的宇航局。去年年初，谷歌与Fidelity向太空探索技术公司Space X投入了10亿美元的资金，启动了庞大的火星计划，而它的创始人Elon Musk头脑中的火星计划可不仅仅是载人登陆，而是建立一个属于全人类的火星城市，让人类文明提前发展到行星际阶段。若说建造火星城市显得太过遥不可及的话，那么建造一栋火星房子，这听上去也许会显得稍微靠谱些吧。SHEE（Self-deployable Habitat for Extreme Environment，即“可在极端环境中自行装配的居所”）就是这样一栋被指望在未来既能应对地球上各种恶劣的极端环境又能落户外星球的住宅。建筑师Ondrej Doule就在2016年8月31日公布了由他发起的SHEE项目设计细节，这栋仍在研发中的“居所”是一个由各种或充气、或坚硬、或人工智能的组件结构而成的混合建筑物，其中包含了入口舷舱、工作区、居住区、厨房和卫生间五个部分。如果闭上眼睛，你似乎可以就此联想到马特·达蒙在《火星救援》里栖身的那个居住舱。

假如我们暂不深入历史的纵向发展，单取这6000年时间跨度的两端来看，从石器时代的原始房屋到21世纪的“高技派”火星居住舱（也许会是我们未来的家？），我们是否可以就此推导出某种明晰的发展趋势呢？在这发展趋势难以估量的影响之下，“家”的内核含义是否依然有如几千年前它的甲骨文意象所影射的那般？而在人类有意识的创造欲望驱动下，人类居住之所在未来的表现形态又是否真将颠覆我们日前的有限认知？

著名作家同时也是治疗师的Wayne B. Chandler在他的《古老的未来》中说道，在过去也存在美好的未来。若以设计作为思维的线索，我相信“evolution”（演进）更甚于“revolution”（彻底改变）。未来，何尝不是始于现在？荷兰鬼才设计师Marcel

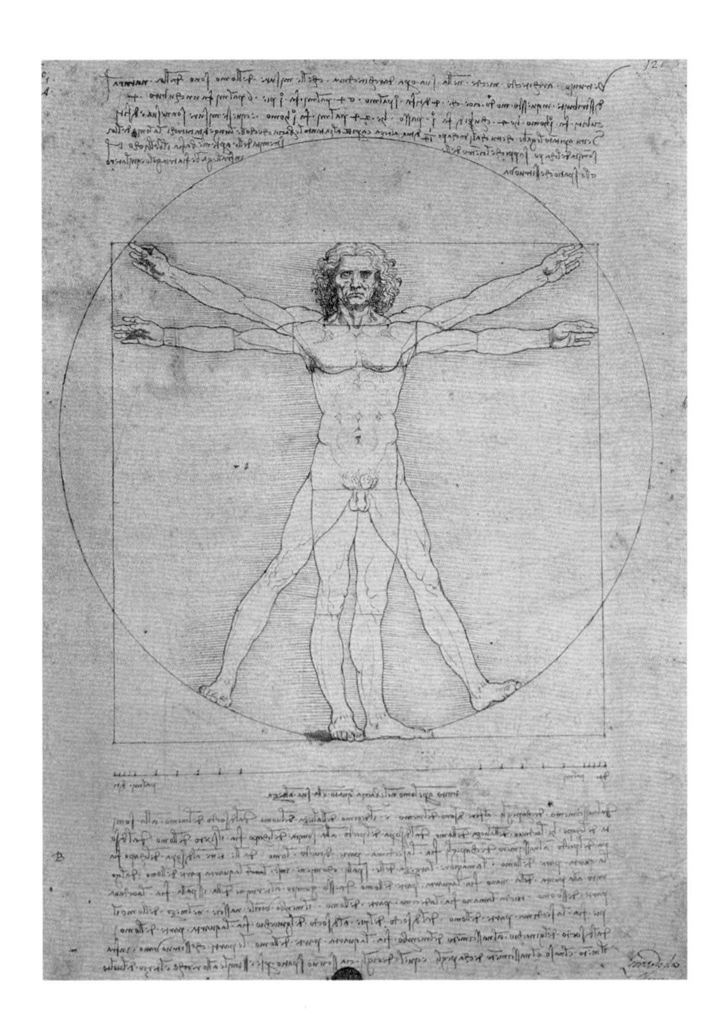

《维特鲁威人》（意大利语：Uomo vitruviano）是达·芬奇在1487年前后创作的一件素描。画作中，“十”字形和“火”字形交叠在一起的人体，被后世认为是最完美的男子人体比例。而这个构图，恰好也是人体之有限性的注脚：从半坡时代到火星时代，无论外部世界如何变化，人类肉身所能触及的真正终点，不过是四肢伸展所划出的球体范围。

Wanders也曾说，他无法想象有什么会是无中生有的创新。“我们不应该去过分强调‘不可思议的改变’，是文化在改变，但是我们不需要去发明桌椅的新用法。我们设计出来的很多产品，需要改变的往往限于符号领域，而功能领域并没有很多改变。想一想现代设计史上椅子的进化——我们不断生产出新的椅子，但是椅子仍是椅子本身，进化的仅仅是人们怎样去看待它。”事实确是如此，总有一些本质的东西不会改变，比如我们的身体，比如我们对于栖身之处与人情温暖的本能索求。

“家”的内核包裹着让世界转动的爱，填充着人类内心温柔的情感——对于这一点的坚信才使得人类对它的定义在一代又一代人的传承过程中不断丰富。毫无疑问的是，当世界飞速运转带来了全新的文化与社会语境的变化、时间线索迅速地从Web 2.0跳跃至Industry 4.0、城市化的浪潮仍在不断袭来时，“家”和以“家”作为生活载体的我们都已然同处在一个临界点上，我们正张开双臂迎接和拥抱一切新的东西，于是，一个充满各种可能性的未来也同样会在我们安生立命的“家”中初现端倪。因为，未来，始于现在。

Alain de Botton

本质上说来，设计以及建筑作品对我们诉说的正是那种最合适于在它们中间或者围绕着它们展开的生活方式。它们告诉我们某些它们试图在其居住者身上鼓励并维持的情绪。它们在机械意义上为我们遮风挡寒的同时，还发出一种希望我们成为特定的某种人的邀请。

家，时代的镜像

即便对中国当代艺术不甚了解，你大概也多少听闻过张晓刚这个名字。这个认为“作品一定要与自己的生活和经历有关”的中国艺术家在上世纪九十年代末创作的《血缘·大家庭》曾经一度造就了多个天价拍卖记录。在他的画作中，那些集中了上世纪六七十年代特有表征的人物，以呆滞、平静的表情与整个画面无笔触的平滑、冷静，以及中性的灰色调构成了一个整体，使整个肖像系列成为一代中国人的缩影。对此，艺术家本人的解释是：“我真正想画的，不是具体的、个人化的肖像画，而是画一种类型化、符号化的人。”同样，如此“类型化、符号化”的表达也体现在他2002年前后创作的《绿墙》系列当中，那些我们曾经熟谙于心、别无二致的家庭场景如此轻易地触动了你我的心弦，仿佛它们是深埋在大家集体记忆里的某个影子，在不经意间跑了出来，带我们去到那些湮远的时光内部。

《绿墙》勾勒出的并非是一个私人化的生活场景，它把我们再也熟悉不过的中国室内环境风格凝炼成一种具有象征意味的图腾。在那样的画面里，“家”已经超越了单纯的物理空间，而升华为一帧“时代的镜像”。巧合的是，就在张晓刚用画笔记录关于中国式家庭这一集体记忆的同时，一个在中国真正具有划时代意义的文件也出台了——1998年，《国务院关于进一步深化城镇住房制度改革加快住房建设的通知》明确废止了住房实物分配，它标志着住房制度改革在全国范围内全面展开。至此，在中国实行了近40年的福利分房制度从政策上彻底退出了历史舞台，老百姓开始进入“买房时代”。按照网络上的说法：“福利分房制度的寿终正寝激活了房地产市场，住房按揭则唤醒了老百姓沉睡数十年的购房需求，人们从以前的‘有房住’过渡到了对‘住好房’的追求。”

就这样，没有早一步，也没有晚一步，我们随着我们身处的这个时代，恰好就走到了中国历史发展进程的这个重要转折点上。不仅于此，还来不及与《绿墙》里那种标准配置的“工房式”室内装修风格告别，我们已被这个时代挟裹着站在了潮头，以最近的距离直面着一个更为变幻莫测的世界：全球化无可阻挡的席卷、城市化来势汹汹的推进、互联网意义深远的全面普及、社交媒体迅速生猛的思维冲击……是的，世界的面目已然发生了革故鼎新的变化，那么，“家”——作为我们的私密世界——难道还会墨守旧时模样吗？这个答案似乎是不言而喻的。那么，让我们再深究一下，当“家”早已不再停留于满足日常生活的基本需求时，它——作为构成宏观社会的基本单位——在今天又将折射出何种“时代的镜像”？

《绿墙》是艺术家张晓刚在2002年前后创作的系列作品。《绿墙》勾勒出的并非是一个私人化的生活场景,它把我们再也熟悉不过的中国室内环境风格凝炼成一种具有象征意味的图腾。在那样的画面里,“家”已经超越了单纯的物理空间,而升华为一帧“时代的镜像”。

Otl Aicher

设计是指一个时期、时间、世界的文化状态。今日的世界，是借由它的构思状态而被定义。今日的文明，是由人所造、所勾画拟定。构思的质素即是世界的质素。

嬗变，从“家”到“美好家”

就像一个一直不得自由、突然间得了自由却又不知道如何才是自由的人一样，很多住上了好房的中国人在室内装修这件事上都曾经历过那种不知所措、茫然找不着北的阶段。物质匮乏以超乎想象的速度过渡到物质过剩，各种装修风潮在一片热切渴望中被迎入家中，填满了角角落落。从美式田园风到法式宫廷风，从新古典主义到现代极简主义……中国老百姓踌躇不决地摸索着想象中属于自己的“美好生活”的样子，有时却蓦然发现那些出现在自家空间里的所谓“风格”或是“主义”，同自己真正过着的生活其实并无多少关联。一切，不过只是浮夸炫示的临时表象。在装修行业热闹喧嚣的乱象过后，曾经上过当、吃过亏或是得过教训的人们开始变得聪明与理性了，他们渐渐懂得了一个“家”终需以人为本。而在这个时候，设计——作为一个在历史上存在已久却在这个发展急速的国度刚刚才被大众真正认识、接受并甘愿受其影响的概念——终于走进了普通人的平凡生活里。

结合亲身体会过的经（wān）验（lù），许多人已经认识到“装潢”或“装修”与“设计”并不是一码事。过去，我们一直轻视、误解和误用设计，或许是因为我们经常将之与造型（Styling）、装饰混淆在一起，比如在那些曾经想要告诉你什么是正确生活方式的样板房里摆设着的昂贵、造型奇特却并不舒适的椅子，抑或与中国人就餐方式并不搭界的餐桌摆设——它们看起来就像是充满诱惑伎俩的噱头，为的是让我们在冲动下购买到一种对我们而言曾经遥不可及的生活幻想。一旦我们发现，那把椅子不但不能为身体提供妥帖自在的支撑，而且还与居住空间形成了一种可笑的比例关系，与此同时，那张餐桌也无法让我们在美食之外享受到更重要的人情味，我们就会开始意识到，当初自己或许只是在为“家”拗造型，却并没有从真正意义上运用到设计的思维模式。当然，我们同时还意识到的是，设计涉及的绝对不单是家居物件上的选择，它还与更多更重要的生活现实相关，就比如说，针对前文所提到的那些因为时代变迁而衍生出的种种居住新需求，它是否能够提供相应的解决方案。

事实上，设计与生活是密不可分的，没有人能够避免与设计之间的关联。这其中的道理，正如长年为《国际纽约时报》撰写专栏的设计评论家Alice Rawsthorn所详述的那样：“当设计被聪明地运用，它可以带给我们愉悦、选择、力量、美感、舒适、高雅、感性、同情、正直、野心、安全、繁荣、多元、友爱，以及其他更多感受。然如果其能力被滥用，

《我在脱衣》是艺术家喻红在2002年创作的“日常生活”系列绘画作品中的一幅。她描绘自己每一天最日常的、琐碎的、平凡的活动,并且非常诙谐地为每幅作品都配了一篇当时新闻报纸或者杂志的文章。这幅作品配了《北京青年报》的一篇文章《幸福生活的十大“点子”》,以宣扬一种由位子、房子、票子、车子、乐子等组成的幸福生活理想。

其结果将是浪费、困扰、丢脸、引起恐慌、使人愤怒，甚至是危险的。而且它在我们的世界中是如此普遍存在的元素，没有人可以逃避设计的影响，它在我们不知不觉中，主宰了我们的感知与行为。我们可以决定是否要让许多其他领域进入我们的日常生活：艺术、文学、戏剧、电影、时尚、运动和音乐；对有些人来说，它们是无可抗拒的快乐源泉，但有些人可能只觉得它们普通有趣，或是无聊至极。庆幸的是，我们可以自由选择与之接触的程度，很多？一点点？或是完全不碰。但对于设计，不论多么希望，我们都无处闪躲。我们唯一可以做的，是试着定义其对我们的影响是正面或是负面，而要成功地执行，我们得先了解设计，愈彻底愈好。”

历史上最早对“设计”的定义源自1548年的《牛津英文辞典》，作为动词，它的意思是指“指示”或“指派”。其他的解释很快地接着出现。1588年，它被作为名词使用，意指“目的、目标、意图”。五年后，它被赋予一个更复杂的角色：“一个要被执行而在脑中构思的计划或方案。”在这里给出关于“设计”的词源释义，我想说的是，即便大家在实际操作层面并不知晓到底应该如何“成功地执行”设计，进而解决在室内设计上遭遇的问题，但是清晰地明确自己对“家”的“目的、目标、意图”却是我们可以迈出的第一步。接下来，找出“一个要被执行而在脑中构思的计划或方案”，我们也许需要仰赖的是室内设计师的帮助。好在，到了今天，室内设计师与普罗大众的距离，早已不再是我们想象的那么遥远了。在保留我们对家居环境的个人表达欲望的同时，他们将以我们便于接受的形式提供启示，以便帮助我们探索出适合自身生活的家。

一千个人就会有一千种关于“美好家”的想象，但是一个“家”进阶成为理想中的“美好家”，这其中的通途只有一条：那就是设计的介入。只有当我们意图建立美好生活的需求被真正听见，并被真正理解时，一个物理意义上的住所才会有望变成一个美好之家，并成为我们的生活剧场，这个时候住宅的意义就会超越它的物质结构和构成它的空间。

Mario Bellini

我们喜欢用来自我表达的方式，一样被沿用在自己居室环境的布置上。人们购买家具也并非仅仅因为需要坐下或是有所倚靠，而是希望通过它们来清晰表明自己的身份和社会愿望。

中国人的新居住之道

站在一名室内设计师的角度，大名鼎鼎的英国设计师Kelly Hoppen曾经在她的书中写道："每个我设计过或是居住过的家都是一场持续不断的练习——如果你愿意的话，你也可以将它称之为实验——在那里，我试图去理解，我们是如何看待事物的，究竟是什么令我们心满意足，而我们真心想要获得的又是什么。" 不同的"家"，毫无疑问，都会因为房屋原始布局、家庭成员结构、个人审美情趣……以及基于现实产生的各种需求而显得面目相异，但Kelly Hoppen在此或许想说的是，在这相异的面目背后，同时还隐藏着设计师对于居住者的入微观察。

通过与多位普通城市居民的讨论，我们也整理归纳出普罗大众对居家环境应时而生的那些新需求，这或许可以帮助我们以小见大，以及更深入地了解人们在现阶段为"家"增添的新理解、新释义。而在这一点上，即便无法做到一一细说所有的居住需求变化，我们也无法漠视以下这些有目共睹、切实存在的大势所趋——它们是现实居住中的痛点，同样也是创意得以酝酿的起点。

- 城市"蚁居"——探索"小而美"的理想之境

2015年的数据显示，中国的城镇人口占到了总人口的55.88%。然而，中国城市化的进程远未结束，在未来十年，城镇人口预计将高达近70%。如此巨大的城市人口迁移和增长，无疑将造成人口密度的持续增加以及住房售价的进一步上扬。在这样的前提下，超级城市中的"蚁居"已经成为越来越普遍的现象。如何在一个小尺度的紧凑空间中居住，又无需牺牲生活的舒适性与丰富性，令居住者全部的基础设施需求得到满足——这无疑是时下备受大众关注的一个议题。

- 老龄少子——居住中的适老关怀

中国60岁以上的老年人人口，截止到2015年底的统计结果是2.22亿，占总人口比重的16.1%。伴随着老龄化、少子化和核心家庭化的进程，可以预见的是，中国年轻人口和老龄人口在2050年将处于基本持平的状态。现实生活中，空巢与独居老人数量之庞大已然到了无法令人忽视的地步。正如日本建筑师土谷贞雄提到的那样："养老问题，从根本上也是对幸福生活形态

的一种探讨。”我们展望超老龄社会背景下的未来，什么是幸福的晚年生活？怎样来实现这种生活？除了在伦理层面进行思索之外，我们还需要从居家、社会养老的角度来进行实践，或许能从中找到一些新的答案。

- 亲子意识与“二胎”新潮——从“硬件”到“软件”的升级

不知道还有哪个国家的父母像中国的父母那样，会将孩子的教育上升为家庭大计的根本（紧张的“学区房”就是明证）。值得庆幸的是，理智并拥有开阔视野的新生代父母对于教育的关注焦点不再局限于孩子的升学，而是拓展到了以亲子感情为基础而进行的互动与沟通、孩子行为人格的养成等更为开放的思考范畴，他们也同时明确地意识到了，家居环境在教育上所具备的潜在功能性。而近年出台的“二胎”新政策也掀起了一股家装设计热潮——如何在原有的住房基础上应对家庭结构的新变化，成为很多家庭亟待解决的问题。

- 绿色生活——让环保主义走入家中

就算有人怀疑全球气候变暖是神经质的怀疑论者捏造的荒谬理论，但也应当没有任何人能够对环境破坏带来的灾难熟视无睹。随着人们环保意识的日益提高，绿色节能、可持续的设计正在逐渐融入现代人的生活中，成为室内设计领域的一大趋势。“可持续”在“家”的室内设计范畴中代表着什么意义？它可以——又或者它应该——创造出什么？在一个平凡的“家”里，“绿色”仅仅代表着多放一些绿植，或是应用环保的建筑材料吗？还是说，我们已经拥有了很多立体多元的方案，让我们的家也能为低能耗和减轻环境负担做出自己些微的贡献？时至今日，这些问题，不仅绿色环保主义者在思考，普通的民众也在思考。

- 心理减压的“秘密花园”——探索居家空间的治愈功能

在超级城市之中打拼事业，追求梦想，感受城市发展迅速跳动的脉搏，这让人在兴奋激动的同时，也免不了会让紧张、不安、沮丧、焦虑……各种负面的情绪影响渗透到我们的日常生活中。“家”，作为一个可以释放真实自我的私密空间，既收容我们的身体，也安放我们的灵魂。穿越熙熙攘攘、欲望喧嚣的都会，打开家门，人们开始期望那个属于自己的私密空间能够提供的不仅是挡风遮雨的栖身之地，它还应该是一个带有治愈功能、可以帮助我们心

理减压的“秘密花园”，令我们终于能够——在一种深刻的意义上讲——回家了。对“家”的基本需求升级到一个更为复杂的心理需求，对于中国室内设计的现状而言，这便开始引发了又一个新的探索方向。

- 生活美学家——从功能到审美的飞跃

“生活不只是眼前的苟且，还有诗与远方。”但事实上，“诗与远方”——假使它们指涉的是想象的广度、思维的深度以及对生活品质的执着——并非不能融于日常的家居环境里。真实的经验告诉我们，一个美的空间“不单单彰显了纯粹的美学趣味，它也意味着我们会受到这个空间通过其屋顶、门把手、窗框、楼梯和家具所鼓励的一种特定生活方式的吸引。我们感觉到美也即意味着我们邂逅了一种我们对美好生活所持观念的物化和体现”。尤其，随着社交媒体的发展，随着那些生活美学家们乐于分享日常生活方式及想法，室内设计将比以往任何时候变得更加富于自我表现性。

- 智能的延展——科技，无所不在

2016年9月，苹果iOS10系统正式上线，其中非常醒目地新增了一款名为HomeKit的应用，媒体称其为“苹果布局智能家居战略的重要一步”。所谓智能家居，是指通过物联网技术将家中的各种设备连接在一起，提供家电、照明、安防、影音、环境监测等一系列智能化服务，它不仅仅具有传统的家居功能，而且还能够实现自动交互，提供更加方便、安全、舒适的体验。尽管，智能家居目前仍处于备受争议的尴尬阶段，但这似乎并不能阻止科技一步步地走进家门，让我们的日常家居生活带上“高技派”的色彩。怎样结合互联网模式和人工智能技术，才能对人们个性化、灵活性的需求做出回应？这是位于时代前沿的设计师们无法规避的问题。

我们采访了多位普通城市居住者，深入他们的家庭，了解他们的居住现状、丰富多彩的生活方式，谈论他们现在家居中的小遗憾，以及对未来家居的想象与憧憬。在此基础上，我们将这些家庭按照人生成长轨迹分为亲密爱人、亲子互动、适老关怀等类型，按照生活需求和生活方式分为整理收纳、美食社交和绿色生活等类型。

与此同时，如果我们想要大体了解中国人围绕“居住”而产生的新观点、新想象、新要求，聆听室内设计师们由观察得出的见解也成了一件必须的事。若要总结中国人的新居住之道，应该没有人会比那些一直致力于在中国语境中为中国人提供室内设计解决方案的室内设计师们更具有发言权了。在本书中，我们邀请了现在海内外颇具影响力与创造力的六位室内设计师，他们在充分考量每一组被采访家庭的实际情况之后，找到那些具有共性的问题、有特点的需求，为这些类型的家庭提供一组切实可行的家居解决之道。

原研哉

在社会日新月异、经济飞速发展的当下，“住宅”成为一个极具激发性的话题，而中国的年轻人必须自己去找到全新的答案。我不认为西方的住宅风格适合中国人的生活方式，而反倒觉得，中国现在面临的全新局面很有可能会对世界住宅史产生影响。

王 石

无论作为生产厂家、建筑师、设计师、艺术家，还是作为消费者，你如果仅仅停留在现世、现在，没点儿理想，没点儿对未来的冒险精神和情怀，你可能很快就被淘汰了。所以让我们共同参与、共同思考面向未来的可能性。让我们的设计师建筑师、我们的发展商、我们的各行业企业，一块儿努力。为未来的家，我们一块儿努力。

INTIMATE LOVER

亲密爱人

家是爱的归宿，也是爱的起点

Home Is the Destination of Love, Also the Beginning of Love

一对恋人，一个小家。

年轻夫妻对未来生活总是满怀着美好的想象，现实中，他们需要不断学习如何经营自己的小家，学习与伴侣、与自己相处，学习与空间、与时间相处。

美食博主朱倩雯的婚房里，那间丈夫冯超专门为她打造的‘像餐厅一样的厨房’，是她生活中小确幸的标记。

新婚的孙璐和符易蓉，在那个似乎是有很多硬件遗憾的婚房里跌跌撞撞地学习成长。

结婚已经6年的Alejandro和周懿，和他们6只猫的庞大家族居住在不足70平方米的房子里，除了要应对柴米油盐和东西方生活习惯的差异，还要解决两人对独立家庭办公空间的巨大需求。

作为一对超级‘铲屎官’，Allan和Lan的家事实上是为猫咪而设计的，形成环路的高空步道、可以尽情奔跑的客厅、专开的猫门、甚至是专为猫留下的一块地暖区域。

Alejandro / 作家，智利人

周懿 / 项目经理

Toto、发票……

独处之道

——一张餐桌和两个自由职业者

走进智利人Alejandro Ulloa Otarola的家中时，他正和“大管家”——黑猫警长Toto玩得不亦乐乎。6年前，Alejandro第一次来中国，在上海世博会临时工作时遇见上海姑娘周懿，从此扎根在这里。在结婚的第5年，他与妻子搬入了现在这间属于他们的公寓，与收养的6只流浪猫一起开始了热热闹闹的新生活。

通常，这对夫妻在家的日常是这样的：身为作家的Alejandro上午出门学习中文，下午回家创作。他主要撰写喜剧和表演短剧的剧本，晚上有时需要在家对台本。空闲的时候，他喜欢阅读，为家人表演尤克里里，或慢慢打磨他自己的第一本长篇小说——一个关于智利大家族之间相处与成长的故事。

从事项目管理的周懿，工作以项目为周期。在项目与项目的间隙，有大片的时间可以宅在家里做猫奴。一旦项目开始，就没有了休息时间，每天回到家后都要加班到深夜。这也就意味着，这间不足70平方米的房子除了要应对柴米油盐和东西方生活习惯的差异，还要解决两人对独立家庭办公空间的巨大需求。

目前，Alejandro和周懿在家的工作基本上以“图书馆模式”进行。墙边几乎顶立的大书架储存着主人爱读的书籍和资料，书架前，一张长桌承担着餐桌和工作台的双重任务。工作时，两人一人占一边，打开笔记本电脑，就算进入了各自的世界。尽管大多数时候各做各的倒也相安无事，但一来，两人很难保证工作时间上的同步，二来，即便再亲密的夫妻之间，也会存在习惯的不同。

比如说，先生工作或放松的时候都有听音乐的习惯，而周懿更喜欢安静的氛围。当初房子装修，因为考虑到了这个原因，周懿主张在卧室里也辟一个角落用来工作，甚至为此想过好多种方案。例如在五斗柜边放一张小小的写字桌，或者

在家的日子，Alejandro总会被无处不在的猫咪所“干扰”

周懿为自己设计了这处新居

平日里，这对夫妻的工作以“图书馆”模式展开

在地台上挖空一块，做个活动的机关，这样就能窝在床上享受个人时光了。可惜，这些想法后来都没有实施。“上一个家是租住的，面积很小，工作空间跟卧室连在一起。现在有了客厅，Alejandro说什么也不肯让卧室里再出现与工作有关的东西。”周懿解释道。介于整个房子的设计都是她说了算，为了也尊重先生的意见，周懿在这一点上让步了。

这还并不是全部。在这个需要个人空间的家庭，还有一个因素比空间不足来得更具干扰性：只要两人坐下来准备工作，名叫发票的橘猫准会爬上桌来凑热闹，“经常往你面前一横，还懂得把电脑推开”。不仅如此，其他几只猫咪永不消停地玩耍打架让刚坐下的主人总是分心。“本来写作和阅读都需要全身心地投入，但家里的‘诱惑’确实很大”，Alejandro有时会选择去附近的咖啡馆待一个下午。

同样，在心爱的茶壶被打碎几次后，周懿喜欢的茶艺爱好也暂时搁浅。杯盘全都收进了厨房，在这个主要由周懿使用的空间里，她每日都要准备两个人与六只猫的三餐，偶尔得空泡一杯茶，反正猫咪推不开厨房的玻璃门。或许这里，才是真正属于她的独处空间。

冯超 / 船舶工程师

朱倩雯 / 新闻编辑

Cookie

让厨房看起来像真正的餐厅一样

——美食博主的战场

冯超和朱倩雯的家是由内而外生长起来的。走进他们位于市郊的家，目光会不由自主地被正前方夺目而入的照片墙所吸引。三排照片悬挂着两人从高中相识到恋爱结婚各个时期的美好回忆，还有冯超为朱倩雯亲笔画的素描肖像。

作为新闻编辑的妻子对未来生活有着很多小而美的想法。而即便不是专业设计师，从小学习美术的万能工程师冯超，从空间布局到结构设计样样都能上手，和妻子一起实现心中所想自然不在话下。几乎没有任何犹豫，两个人从一开始就决定亲自动手，为自己量身定制新家。这个亲自动手，可不仅仅是一起对着平面图谋篇布局，或是逛建材市场挑马桶、挑瓷砖，而是，冯超要撸起袖子，和施工工人一起和水泥、刮腻子。两人对家的注解一五一十地反映在了空间的每个角落。

在这之中，厨房毫无疑问是主人最引以为傲的角落。原本藏在房子内部，结构墙内的独立厨房被原封不动改用作书房，而利用率不高的北阳台则与餐厅、客厅打通，形成了面积宽敞的开放式厨房空间。这是因为，妻子朱倩雯是个不折不扣的美食达人，业余时间开设了一个叫作“纳米小小厨”的公众号。除了公开传授烘焙点心的详细步骤，朱倩雯还会不定期分享传统本帮小菜的做法。所以，在她的“战场”，需要有各种料理设备、碗柜和储藏柜来满足功能性需求，大件电器必须是嵌入式的才不显得空间凌乱。吧台和餐桌高低错落一个都不能少，“做烘焙需要很大的准备空间，吃中西餐、甜点落座的氛围自然也不一样”。

而为了支持妻子的“小事业”，使对吃研究透彻的“美食博主”在公开的照片上也同样大放光彩，冯超发挥了自己的美术功底，将衔接餐厨的空白墙面改造成了一堵可擦洗又带磁性的雅绿色黑板墙。起初，连施工团队都不知道这新潮的进口漆该怎么使用，冯超就和他们一起研究，“磁力漆是要砌上墙的，等干透后再用滚筒刷上黑板漆”，打底的磁力漆需要有一定的厚度，但很难保持一整面墙都能均匀涂抹，为此，冯超和工人返工了很多次，才终于基本达到了平整光滑的效果。

在这之后，冯超亲自动手画起了纳米小小厨的“开业招牌”，买了磁力钟，加入了DIY的字母刻度。他甚至把他们在英国旅行时看到的连锁餐厅Little Chef的卡通人物形象也搬上了墙，不仅因为小厨师与小小厨名字的不谋而合，并且这样能让妻子最爱的空间“看起来就像真正的餐厅一样”。手绘痕迹无疑使这个充满人情味的转角成为整个家的最佳背景。

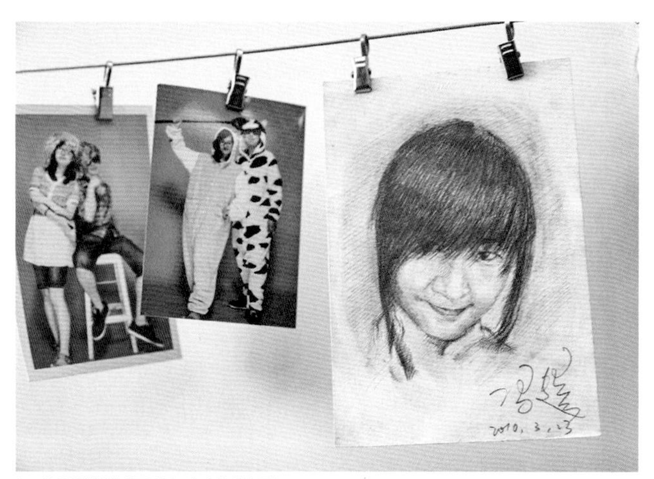

入口处的照片墙挂着两人近10年来的甜蜜回忆

厨房是朱倩雯的主战场，冯超的爱好是亲手制作船模

孙璐 / 事业单位职员

符易蓉 / 外资银行职员

婚房的遗憾

——设计开始于生活之后

孙璐和符易蓉的新房装修经历在85后独生子女群体之间很具代表性。两人大学毕业，各自拥有一份不错的工作，通过父母安排的相亲认识，恋爱，谈婚论嫁。利用周末满城跑，看房、选房，终于拥有了属于两个人的、能够独立自主支配的空间。对于这个人生新起点，对未来的家会是什么样，这对新婚夫妇寄予了满满的想象，还没拿到新房钥匙就已经开始磨刀霍霍。

新房的面积为72平方米，结构狭长，室内空间一目了然。一南一北两头两间卧室，当中夹着窄长的公共空间。由门厅进入，开放式厨房、餐厅、客厅以平铺直叙的方式展开。

夫妻两人，一个供职于政府事业单位，一个从事金融行业。室内设计对他们而言是个相当遥远的行业，模糊的印象大概是来自《梦想改造家》这样的电视真人秀节目。在他们眼里，设计师有点像魔术师，不管怎样平庸乏味的空间，经过设计师的金手指一点，就能华丽转身。

然而，找了好几家装修设计公司，对于他们这火车车厢一般过分直白又并不富裕的房型结构，设计师给出的设计方案大同小异，无论整体结构还是家具摆放位置，在他们看来，都属于"没有任何建设性的意见"。最后两个决定从设计到施工，都自力更生。

约有大半年时间，两人周末就驻扎在建材和家具市场，寻找家居杂志大片中那些简约又时尚的元素。"镇宅之作"——翻遍材料市场才找到的类似水泥天然肌理的哑光砖用在了卫生间四壁和地面，这最接近符易蓉心中向往的现代主义的样子。比家具整体色调稍浅一些的地板则是夫妻俩拿着心仪的家具图片，请"略懂一些设计"的地板品牌老板帮忙搭配的。而女主人最爱的Marimekko罂粟花图案家居用品则以点的形式串联起了所有的公共空间，暗示着这对新婚夫妻对生活和未来的热烈向往。

无论如何，对于这对既没有装修经验，又没有设计师专业支持的新婚夫妇来说，他们的新房里不可避免地有着许多无奈和遗憾。人和房子在不断磨合。"我现在相信真正的设计永远开始于生活之后，因为我们对生活需求的了解程度远比想象中的少了太多。"符易蓉笑着说，"也许要经过一段时间的磨合、思考与沉淀之后，我们才会更清楚的知道，我们到底需要一个什么样的房子。"

整个家以“性冷淡”风为设计基调，却也加入了很多主人喜爱的色彩雀跃的家纺用品来进行平衡

在主人看来，卧室最主要的功能莫过于盖被纯聊

Allan / 项目管理

Ian / 销售

萌萌

妞妞

呆呆

小喵

极致猫奴

——专为猫咪打造的家

来自甘肃的Allan和重庆姑娘Ian十年前定居上海，婚后不久抱回了一对异国短毛猫萌萌和妞妞。几年前，两人带着爱宠租住在一个6层公寓房的顶楼，80多平方米的房子，拥有Loft式的大挑高。在那里生活的日日夜夜，Ian总是忍不住幻想：如果这是我自己的房子，应该怎样怎样改造。

不久之后，夫妻俩居然在同一个小区里买到了相同楼层、相同户型的房子。这就不难解释，为什么与普通人家相比，Allan和Ian的家完成度相当之高，不仅格局分割流畅果断，高达八成的定制家具还创造出了完整的收纳系统，将家居的露与藏处理得滴水不漏。

更重要的是，夫妻二人亲自操刀的居住空间完全符合他们与猫咪们共同的生活习惯。甚至，考虑到平时工作繁忙，这个家在功能层面更多是为实际居住时间较多的成员——猫咪们而打造的。

Allan和Ian将宠物猫视作他们的家人、孩子、朋友和生活伴侣。目前，他们的家中有四个猫咪成员。2012年先后从猫舍抱回的萌萌和妞妞是一对小夫妻，一年后，Ian亲手为妞妞接生了小猫呆呆。上一个寒冬，两人又在小区门口捡回了刚出生不久的纯白中华田园猫小喵。

关于一手带大的呆呆，Ian很有话说："明明父母体重都很正常，呆呆出生后却不知为何变成了一只巨猫，五个月就长到了十斤。"本来，类似Loft的户型就会进行纵向分割，而为了一同解决呆呆的超重问题，顺便使其他几只猫咪也都增加运动量保持健康，Allan和Ian在设计新家时刻意只做了一半的高度隔断，保留了挑高的客厅区域。沙发后顶立的空白墙面安上了特别定制的跳板。与之相对的电视墙则被一整面一体式收纳柜所占据。跳板、收纳柜的高度通过精心计算，与另外两边的承重梁、楼梯结构相连，形成环路，为猫咪们创造了它们最爱的既能与地面相连又形式丰富的高空步道。

那么效果如何呢？"刚搬来新家时，呆呆不会上楼梯，只能像兔子一样跳上去，现在好歹学会了正常的爬楼梯姿势，每天能走个几回。萌萌还算'有天赋'，练习了一段时间，跳板已经能爬到半高了。现阶段只有小喵完全享受这套设施，经常爬到承重梁上'俯视众生'。"

高低错落的攀爬空间组成了猫咪的立体交通

卧室套间的木门底下挖了供猫咪通行的小门

主人的生活围绕着“猫主子”们展开，所有的储物柜离地三尺，方便猫咪蹲墙角

在挑高的客厅，特别定制的跳板、包裹了镜面的承重梁可供猫咪迅速爬到最高点

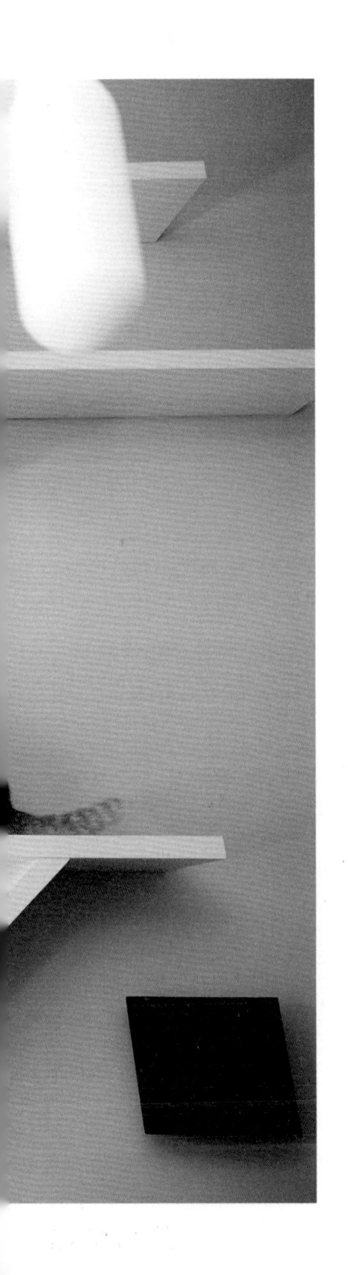

除了客厅的改造，在结构上，夫妻俩还将朝北的小房间拆除，改造成开放式厨房，使南北完全通透。对主人来说，两头无障碍的采光带来充足的日照和流转的光影；对猫咪来说，这里则是完美的跑道和球类运动游乐场。“我们觉得饲养小动物的家庭，最重要的就是家里能有充足的直线距离，可供小家伙们尽情奔跑。现在家中南北动线上基本不放家具，每天来回跑两圈它们会非常开心。”Allan解释道。

在结构调整之外，这个家中充满着数不清的为猫而生的细节，这些细节既是过去生活经验的总结，也因为新的情况而进行着不断调整。比如卧室套间的木门底下挖了供猫咪通行的小门，又因为萌萌、妞妞、呆呆不会开门而去掉了门板只剩门洞。由门洞进入，猫咪们可以到卫生间上厕所，猫厕与马桶齐平，安置在洗手台下预留的空间里。厕所旁边的主卧室是猫咪们的禁区，这里设计了一个移动玻璃门。“主人肯定需要有私密的空间，但所有养猫的人都知道，睡在卧室外的猫咪大清早必会挠门把主人吵醒。”Ian坦言从前深受其扰，但“自打换成了玻璃门，猫咪看得到我们比较安心，玻璃也挠不起来，问题不攻自破”。

鉴于猫的破坏力和随时飘出的毛，储物系统几乎把主人的一切物品都保护妥当，最容易粘毛的电线和充电装置必须收起来。所有储物柜离地三尺，满足猫咪群体爱蹲墙角的癖好，也方便打扫。沙发材质不能容易被抓破也不能显得都是毛。纱窗务必要换成金属的，以免小主子们抓破后发生高空意外。而吃饭的碗也需要搁置在专门的碗架上，其高度可以让猫咪们直接吃到而不用低头弯腰……

如果这些还算合理，那么这个家最令人羡慕嫉妒的一点是，Allan和Ian特意安装了可局部发热的电暖，专门用来供四个宝贝使用。“沙发前的地板上就有一块地暖区域，有时候我们都出差家里没人，会开着这一块地暖，这样猫咪们自己在家也能过得很舒服。”

也许，判断一个宠物之家成功与否的终极标准就在于：即便主人不在，小动物们也能在家中毫无顾虑地自在生活吧。

萌萌作为“一家之长”目前已能爬到半高

保有自我，拥抱改变：梁靖的猫咪之家

Designer’s Proposal on INTIMATE LOVER

有人爱好深夜在家独酌，静静地思考人生；有人喜欢窝在角落，沉浸于书或游戏的海洋。包容‘不同’的爱巢将越来越注重回应主人们的个性化需求，需要有能浪漫相聚的时刻，也需要有能够独处的空间。

梁 靖
同济大学设计创意学院教师
上海舍集装饰设计工程有限公司创意总监

扫码预览VR版
“猫咪之家”

遇见一个人，走进一段亲密关系，甚至婚姻，意味着协调两方、意味着改变。如何在爱里保有自我，同时接纳另一个人一起开始新生活呢？这是梁靖“爱巢”设计的最重要的事。

包容是爱巢最重要的事

80后设计师，同济大学设计创意学院青年教师梁靖不久前组建了自己的小家庭，关于爱和爱的空间，他很有话说：“一定要打破对亲密爱人的传统理解，觉得相爱就是要两个人一直腻在一起。”这条原则可不仅仅是恋爱鸡汤，更是打造亲密爱人之家的不二法门。

如今的家庭再不期望通过一览无余的空间来表达对爱侣的关注，也不必要在卧室里摆一张大圆床才能烘托所谓浪漫的氛围。两个人历经时间考验最终走到了一起，而后，他们对共同创造的家的核心需求变成了“需要有能浪漫相聚的时刻，也需要有能够独处的空间”。梁靖所理解的亲密爱人之家，实质上正是通过设计来解决这两个核心的问题。

首先，对高品质独处空间的需求，毫无疑问是时代发展的结果。随着独立意识的不断萌芽，亲密爱人之间的关系慢慢有了你、我和我们的差别。家中每一个个体的想法、习惯和偏好都等待着被倾听和尊重。“举例来说，每个人都希望向他人展现最美好的一面，难道爱人之间就不是这样？”梁靖解释道，“大清早一边在香喷喷地洗澡，另一边在辛苦如厕的情况，即便是朝夕相处的家人，也不免尴尬。实际上，通过简单地从空间上分割卫生间和浴室，不想被另一半看到的时刻，将来完全可以隐藏起来。”有人爱好深夜在家独酌，静静地思考人生；有人喜欢窝在角落，沉浸于书或游戏的海洋。包容“不同”的爱巢将越来越注重

“猫咪之家”手绘图

回应主人们的个性化需求。“只要清楚地定义需求，即便当今时代占主流的中小空间中，也能找到合适的角落安放素材，或者通过添加可移动或可拆除的隔断、遮挡，来进行灵活的切换。”

关怀宠物，在室内设计的时候就考虑它们的需求

这里值得注意的是，“亲密爱人，这四个字很容易让人误解为一对情侣，而忽略了它们——宠物的存在”。养宠物的家庭越来越普遍，只迎合主人的个性化需求，而简单地找一个角落为爱宠添置物品显然已渐渐“不能满足我们对它们的爱”。

身为猫奴的梁靖感慨道：“生命都是平等的。你要负责照顾TA一辈子。可惜与宠物有关的设计配置是目前国内住宅设计的盲点。” 宠物们的习性与个性同样需要在家庭空间中被考虑周到，比如说喜欢贴着墙边行走的猫就需要属于他们的动线规划，“未来理想的状态是，在室内设计的时候就充分考虑宠物的动线和物品需求。”

家需要的不是风格，而是承载故事

考虑完尊重个体的部分，多数人对亲密爱人之家的诉求和痛点始终落在“怎样才能让我的家变得温馨又特别”。在梁靖看来，“将来你很难找到一眼看去风格和配置特别明显的家，像以前的爱琴海风格、新中式风格等等。在忠实于实用性的基础上，亲密爱人之家的设计风格在弱化、后退、边界模糊”。而越来越被强调和重视的是，“家是需要承载一些故事的”。

这个故事可以是你为家庭氛围所创造的，“窗帘、靠垫、桌上的花饰等遥相呼应，通过色彩和质感赋予家一个调性”；也可以是两个人爱的诉说，“更多元的设计形式，用来展示对主人来说意义非凡的物件、相片等情感记忆”；甚至是为某些共同的小情趣而预设的，“夜间开启精心安排的点光源，放一点轻音乐，把家切换为私人酒吧”。

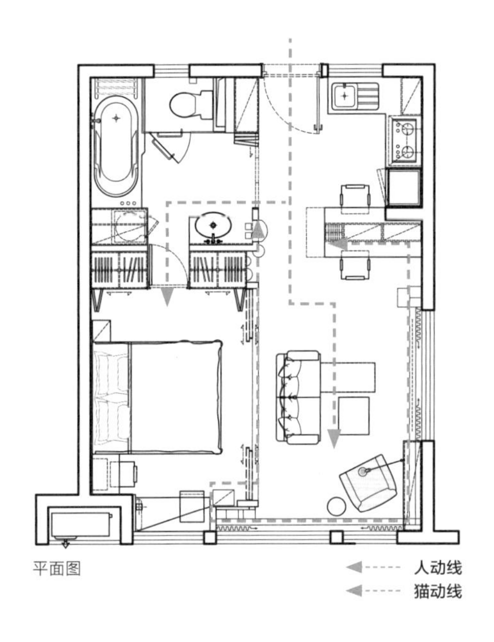

平面图

既有爱又有猫的家

房价是挡在安居乐业前面的"拦路虎"，"小户型住宅"成为城市年轻白领的首选。在这样"狭小的空间"，如何有尊严地生活，创新设计成为最重要的解决之道。宠物成为快节奏下的生活陪伴，在碎片化的时间、紧张的工作之余，猫成为越来越多家庭的伴侣首选。

猫的活动空间主要集中在客厅，从近地处的猫厕所、到稍高处符合人体弯腰尺度的猫咪喂食器、到半空中的猫架、到高处的"空中步道"，充分考虑猫咪的生活习性，充分利用垂直空间，从主人的日常照料到猫咪的愉快玩耍，都被考虑周全。

餐厅

鸟瞰图

卧室

客厅

卫生间

从玄关看全屋

1. 地面分布猫咪厕所，有效利用碎片空间，也满足了猫咪爱“躲猫猫”的特性
2. 猫咪食堂，分布于半空中，主人不用费力弯腰喂食，也便于猫咪就餐
3. 半空中分布着猫咪攀爬装置，可以让猫咪在家中上下攀爬
4. 错落有致的猫咪步道分布在公共空间最高处，满足猫咪登高俯瞰的爱好

猫的天空之城——小空间里人与人、人与宠物间的相处之道

在当代城市中，年轻人置办第一套房子时，通常都会选择小户型住宅。在这套使用面积只有40平方米的房子里，居住着一对80后的新婚夫妇和他们的宠物猫咪。

在梁靖为这个家庭设计新居的时候，他认为：“小空间里，创新设计是最重要的解决之道。”

宠物成为快节奏下的生活陪伴，在碎片化的时间、紧张的工作之余，猫成为越来越多家庭的伴侣首选。

新设计的食盆和水槽，终于可以让主人告别每次弯腰添加猫粮和铲屎的烦恼。同时家里布置的猫道，让小家伙有了属于自己的活动空间。无论是靠着床可以打盹的小平台，还是可以玩“躲猫猫”的小盒子，都让这个属于主人也属于“它”的家变得异常有趣。

空间手绘稿

客厅、餐厅

可以独处的爱巢

打破传统的爱的“无界限”的想法，在空间中设计了可以自由分割的空间，如可以独立的如厕空间、换衣空间、可以开合的卧室与客厅。在保持最大开放的同时，放入了最大化的独处空间。同时考虑到生活的随意，无论在沙发还是床上都可以欣赏到投影的大片，在小空间中开合的卧室和客厅的移门成为大小空间魔术变化的关键。

卫生间

位于入口处的厨房和餐桌

1. 移门是调节卧室与客厅开放程度的重要机关，打开时，全屋显得非常通透
2. 餐桌上的垂悬式收纳柜，设计通透，既可以收纳物品，又可以作为展示柜，展示纪念品和收藏品，顶上的空间，亦可作猫咪步道
3. 投影仪，取代了传统的电视，成为客厅、卧室的中心，在沙发或者床上都可以尽情观影
4. 可抽拉式餐桌，既可以满足二人世界的就餐需求，又可以拉起招待更多的朋友一起进餐
5. 双人浴缸

客厅

1. 两人共享的阅读空间

2. 多功能收纳架，摆放书、绿植、照片、纪念品，也是承载爱的回忆的地方

3. 猫咪的空中步道

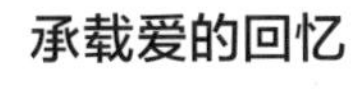

承载爱的回忆

爱情如何长久保鲜，是一个难解的问题。家是一个爱的载体。“我们倡导50%+50%，设计师完成50%的设计，我们塑造一个温馨的舞台。另外的50%需要爱人和萌宠来呈现。”梁靖说。在这个不大的温馨小家里，设计了众多可以承载回忆的地方。冰箱外的装饰门板，贴心地放入了吸铁的薄板，旅游带回来的冰箱贴找到了它的归宿。宠物墙上的相片记录了家里小成员的成长。小酒架上存着世界各地淘来的酒瓶。

客厅手绘稿

新时代的“三口之家”

回忆是爱的调味剂，各自的学习、工作背景差异是保鲜剂，可爱的小猫是两人爱情的粘合剂。无论如何，当独生子女的一代终于能够“当家作主”后，总是希望把对家最美好的憧憬统统融入彼此共同生活的空间。而设计师所做的，正是为这些美好寻找合理安放的空间。

房间中为猫咪设计了各种可供游戏、攀爬、跳跃的步道

PARENT-CHILD INTERACTION

亲子互动

成长，是一辈子的事

Growing-Up, A Matter of Lifetime

在孩子的问题上，人们关心的东西其实都差不多——无论他们本来的年龄、职业、经济条件、社会地位有多么千差万别。因为孩子们的成长问题共性大过个性：

在居住中，父母们关心孩子每一个磕磕碰碰的可能，关心那张小床如何适应快速的成长，关心他们是否有足够的地方玩耍，是否有安静的地方学习……

从二人世界到三口之家，或许没过几年，还会再添个弟弟或妹妹。年轻父母们对居住环境的思考，都是伴随着孩子不同的成长阶段而产生的。

Maggie和John的三口之家里，父母正在思考如何为小男孩Jaydon重造儿童房的问题。许建明和周灏的那一双儿女，已经到了要各自有独立空间的年龄了。

还有Ella和Moky，带着他们2岁的女儿Costa以及尚未出生的小宝宝，到底未来的家庭是一对小姐妹还是小姐弟现在还是未知数。

……

从呱呱坠地到蹒跚学步，从第一次开口说话到具有独立意识，孩子的成长，像是父母一关一关的打怪闯关，值得一轮又一轮仔细周全的攻略，值得从点、线、面360° 无死角的审慎思量。

徐燕 / 媒体人（“享食家”）

John / 广告人

Jaydon

又一种旅途

——藏在日常生活中的别样风景

很多人是通过那个拥有超过8万粉丝、分享亲子旅行经验的微信公众号“享食家”才开始认识这一家子的：有着犀利育儿观点的酷妈Maggie、既是美食达人又是广告创意人的潮爸John，以及年纪虽小却已拥有丰富环球旅行经验的萌娃Jaydon，他们不只是社交媒体上令人羡慕的理想家庭范本，更是线下真实的美好生活实践者。总在周游世界并且能够做到“说走就走”的这一家人，一再拉近了理想憧憬与现实生活之间的距离。而印证这一点的，除了出现在“享食家”上的一个个隐藏在美食背后的故事或是一段段波折四起却又精彩纷呈的旅程之外，还有经过Maggie与John两人精心打理的家。

小Jaydon出生一年后，这个风格特立独行的三口之家搬入现在这套复式公寓。一楼分布着客厅、厨房和Jaydon的卧室，而二楼则是属于Maggie和John休息与工作的所在，妈妈在家工作时呆的那个榻榻米区域同样也是Jaydon最喜欢呆的地方之一。“Jaydon的主要活动区域是在一楼的客厅，那里既没有电脑、iPad，也不设电视机，因为我们想让他尽量少接触数码产品。”

在中国目前的大环境下，究竟有多少家庭能做到以孩子为核心设计家呢？对此，笃信“家居环境也是影响孩子性格养成重要因素”的Maggie和John是心存疑问的，与此同时，他们也期望能够获得专业设计师“更具理性和逻辑性”的指导。在他们的想象中，这样的指导“最好是关注孩子的性格养成，而并非是要为家居生活提供多么大的便利或是华丽的改变”，因为情绪和关系愉悦的重要性大于环境的优越。“在促进父母与孩子互动的层面上，如果一个设计师能对儿童房或是家里公共区域的儿童行为设计提出建议，我觉得许多有孩子的家庭应该都会需要。”身兼全职妈妈和自媒体人的Maggie如是说。

以非同一般的亲子经验和鲜明的育儿观点为“享食家”赢得关注的这位妈妈，相信睡眠独立成就人格独立，所以Jaydon早在6个月大时便开始学习在自己的卧室里独自入睡。目前对儿子的卧室装修还不甚满意，Maggie心里正计划着待他再长大一些时重新塑造他的小天地。到底是选择双层的床，上面用于睡觉，下面当作学习与活动的空间？还是平铺直叙地放置一张正常的床、写字台还有沙发？如何在有限的空间里装进衣物、玩具，还有阅读和游戏的空间？……想到这一连串的问题，即便是从孩子出生45天起就时不时独自一人带着他乘飞机、坐游轮……满世界跑的“Super Mom”Maggie也觉得确实有点无从下手。

妈妈在家工作时呆的那个榻榻米区域同样也是Jaydon最喜欢呆的地方之一

一楼分布着客厅、厨房和Jaydon的卧室，二楼则是属于Maggie和John休息与工作的所在

许建明 / 自由职业者、日语翻译

周灏 / 纺织行业从业者

小嘉

小扭

房子的七年之痒

——成长，其实是件一辈子的事

一个快乐的家应该是什么样的？在女主人许建明为我们打开房门的瞬间，关于这个问题的答案已随着从二楼传来的飞扬笑声扑面而来。此时此刻，就像夏日里许多个周末那样，二楼的露台上正在进行着一场惊心动魄的“泳池大战”。在塑料充气的临时“泳池”里嬉闹撒欢，这既是小嘉、小扭兄妹俩的暑期特别福利，也是身兼“孩子王”一职的男主人周灏在一周忙碌过后用以放松身心的happy hour。事实上，正在迈入婚姻第12个年头的建明和周灏早就默契地达成了共识：花更多的时间在孩子们身上，陪他们一起去看世界，这才是人生中的正经事。

见到建明时，她刚刚完成了一本著作的日语翻译工作。这位曾经的媒体人现在选择了一种更自主的生活方式——在成功转型为全职妈妈的同时按照自己的心愿和生活节奏来做自己喜欢的工作。而从事纺织行业的周灏，也不同于通常认知中的“中国式父亲”，虽然同样为了事业而忙碌，可他却总是将与两个孩子的快乐相处放到首位考虑。即便最初在2009年买房时，夫妇俩决定与建明的父母生活在一起，他们却从未想过把孩子们丢给老人来照顾。“孩子在成长，我希望我和我的老公也可以不断成长，也在去往一个未知但是不断朝前进步的方向。”建明这番颇具启发意义的话不但让人看到他们作为新一代父母所拥有的开放视野，更是点明了一个长久以来被许多“大人”忽视的问题——成长，其实是一件一辈子的事！

既然人需要成长，那么人所居住的空间又何尝不需要成长？在如今的这间复式公寓里，建明的父母住在主要以中式红木家具布置的一楼，而洋溢着北欧风情的二楼则是这四口之家的专属天地。这是一家子一直以来的生活常态，用建明的话说，便是“楼上楼下互不干涉，大家觉得舒服就好”。只是，最初搬来时，哥哥小嘉才3岁，刚上小班，转眼间，他已经是小学生了，而妹妹小扭也从襁褓婴孩一晃长成了幼儿园小囡。

二楼的露台上正在进行着一场惊心动魄的“泳池大战”

二楼的开放区域，建明一边工作，一边看着孩子们玩耍

兄妹俩在哥哥的房间玩耍

孩子还在不断地成长，如何在目前已成定局的空间中进行重新规划，以满足孩子们的不同功能需要和预留成长空间，并且顾虑到他们的心理感受，这绝对是一项相当具有挑战性的工作。对于迫切感受到了这一点的建明而言，眼下最重要的议题无疑就是妹妹的独立空间。3岁的小扭现在与爸爸妈妈同住一间屋，因为当初装修时家里还未曾想到"二胎"的可能性；所以仅仅规划了小嘉的房间。建明和周灏为此已经考虑过了各种可能性，"我们想过购置一个有上下铺的床，让兄妹俩共享一个空间，但是担心哥哥可能会有些抗拒，而且考虑到两人在学习、睡眠、收纳这些事情上状态不同，这样安排也并不那么科学。虽然，二楼还有个收纳的屋子，但是把它转变成卧室也有点困难，因为那里没有窗。"他们现在所能想到的最好安排就是把哥哥的卧室移到楼下的客房，把他现在的卧室改造成妹妹的。此外，小嘉马上即将面临小学的毕业考试，即便不是"虎妈"，建明也还是希望尽量为他创造一个良好的学习环境。

孩子的成长需要更多空间，而随着孩子们的兴趣变化"像怪兽一般长出来的"东西也在寻找安放之处。毫无疑问，这间收藏了孩子们无数欢笑与成长点滴的公寓正在经历它的"七年之痒"。在无比珍视孩子成长空间的建明与周灏眼中，这些棘手的问题也许只能通过将来的二度装修来解决了。

Ella / 前媒体人

Moky / 室内设计师

Costa

父母的永恒焦虑

——家应该是孩子最安全的地方

既然夫妇俩都有学设计的背景，那么就不难解释为何一走进Ella和Moky的家，你的目光便会不由自主地开始“漫游”。被悉心散落在四处的西洋古董家具、旅途中无意淘来的雅致摆设、女主人亲手完成的一件件“艺术实验品”……这些丰富的装饰细节让这套装修风格简洁、整体通透宽敞的复式公寓在拥有更多空间肌理的同时，还创造了一种温馨天然的趣味。然而，一旦当家中出现了孩子的身影，这里原本精心布局的一切就必须得重新接受男女主人更为严苛的考验。因为，在孩子的安全面前，一切都不足为道。

去过Ella与Moky家中的人都会对斜倚在客厅墙面上的那幅画记忆深刻。一整片天青色的水粉底色上，Ella和Moky用黑色钢笔细细描摹出了各自记忆中的故乡——山东青岛和湖南沅陵，两片不同的风景却在同一帧画面中和谐交织，恰如两人眼下的生活。

因工作而相识的两人在经历了7年爱情长跑后，终于在2008年结婚并且落户上海，算是典型的“新上海人”。眼下居住的这套位于6楼、上下各100平方米的复式公寓是他们在2012年购置的第二套房，离热闹的虹桥韩国街不远。入住前，那时还在媒体担任家居设计内容编辑的Ella和一直运营自己设计事务所的Moky不辞辛苦地亲自改换了包括楼梯位置在内的功能区域的布局，重新设置了空间里的交通流线。

在公寓装修好后的第三年，过着“丁克”生活的Ella和Moky意外地迎来了第一个女孩Costa的到来。还未来得及为两岁的Costa装修好儿童房，他们的第二个宝贝眼下正等着在今年冬天呱呱坠地。“Costa现在和我们分享一个卧室。婴儿房的设计还在待定状态，这完全取决于未来这个孩子的性别。”对于已经拥有丰富改造经验的他们而言，装修不是问题，打造风格也不是问题，真正具有挑战性的问题在于——在一个有着两个娃的空间里，究竟有哪些设计可以去除隐藏于孩子日常生活中的安全隐患？

Moky一边工作，一边关注在大书桌上玩耍的女儿

一整片天青色的水粉底色上，Ella和Moky用黑色钢笔细细描摹出了各自记忆中的故乡

Ella和Moky与第一个女孩Costa玩耍，他们的第二个宝贝正等着在今年冬天呱呱坠地

事实上，Ella和Moky已经算得上是相当谨慎的了。为门框安装一圈海绵，在家具尖角处包上儿童防撞护角，将抽屉加上儿童抽屉安全锁，把所有的电源插座都用安全塞给堵上……可即便如此，Ella有时还是会困惑："孩子在不同阶段需求不同，随着他们身体与能力的不断变化，家长提供的保护措施也在不断改变。我很难具体说清楚家中到底哪个部分会需要什么，因为有些安全隐患是看不见的。有时，我们无法预知孩子的能力究竟发展到了什么程度，所以顶多能想到一些比较基础的安全问题，但我设想不出一个全面的设计方案来兼容性地处理所有问题。举例来说，我一直很担心家里那些门和墙之间的门轴。另外，家具本身的高度会产生很多安全隐患，可这就很难解决，除非家里什么都不放。"

"什么都不放"，对于这对"视觉系"夫妇而言，又怎么可能？！事实上，如今这些被Ella称之为"临时举措"的保护装置在他们看来都是权宜之计，而不是长久之计，"还是有些东西破坏了一些美感"最好的可能性当然是既能兼顾孩子安全的需要，同时又无需以牺牲居室美学作为代价。

我们聊天时，Costa正躲在盥洗室里，乐不可支地撕扯着卷筒纸。她也知道妈妈肚子里现在住着另外一个小宝宝，她期待那会是个妹妹，那么她们就可以在妈妈口中曾经描述过的那间粉红色的"公主房"里互相陪伴，在那面特意为她们准备的涂鸦墙壁上一起画下想象里的童话世界。

拉扯卫生卷纸是Costa的独特爱好

Moky亲自改换了包括楼梯位置在内的功能区域的布局，重新设置了空间里的交通流线

言传身教的力量：王平仲的书房

Designer's Proposal on PARENT-CHILD INTERACTION

刚开始学设计时，我发现自己先行回顾归纳了早前住过的家。
当你把曾经的居住环境都一一记录下来时，
这些空间随着时间的变化就构成了你的成长史。
其实，人和空间的关系是微妙的，什么样的空间和环境就会培养出什么样的人。

王平仲
《梦想改造家》明星设计师
英国伦敦大学(UCL)建筑设计硕士
上海平元建筑装饰设计工程有限公司(PDS)设计总监

扫码预览VR版
“亲子之家”

王平仲将100平方米的房子，按照九宫格划分，在九宫格的中央，是一个开放式的书房，这是房子的物理中心，也是亲子互动的核心所在：印象中父亲的言传身教对他影响深刻，父亲认真看书、工作，是孩子成长发展最重要的财富。

相处的质量，比相处的数量（时间）重要

虽然说凭借《梦想改造家》才在近来进入公众视野，成为搜索率一路飙升的"网红"设计师，但事实上，王平仲和他的设计公司已经在上海落户了14个年头。这位早年毕业于中国台湾东海大学、后又获得英国伦敦大学（UCL）建筑硕士的设计师在他的设计过程中最关注的一直是空间的本质。在他看来，"设计不只是画图纸"，而真实的生活也并非虚假造作的样板间。

在谈论"亲子互动"这个话题之前，打小就开始彰显出多才多艺的王平仲回想起了自己的童年。"刚开始学设计时，我发现自己先行回顾归纳了早前住过的家，凭印象来记忆它们的平面图。当你把曾经的居住环境都一一记录下来，这些空间随着时间的变化就构成了你的成长史。在这样的轨迹中，你就会发现自己是怎样变成现在这个样子的。"王平仲总结道，"其实，人和空间的关系是微妙的，什么样的空间和环境就会培养出什么样的人。"或许正是那时辗转于不同居所的经历才让他在幼时就对生活的环境极为敏感并且富有观察力。童年时对各个家的记忆，仍然影响着他今日的设计，就比如说，他对花园和书房的特殊钟爱。

在王平仲看来，自己的经历印证了环境对人具有教育作用，而这也恰恰是他现在从事设计工作时所关注的重点之一。当2002年王平仲从伦敦初到上海时，在他所接手的室内设计项目中，几乎没有业主会提出任何与"亲子互动"相关的需求。随着时间演进，这样的情况却在近年来逐步变化。尤其是在不久前出台"二胎"政策之后，越来越多的人开始重视家居空间中的亲子需求，以及如何通过室内与空间设计上的思考使得家能够随着孩子一起成长、一起变化。在王平仲看来，孩子与父母之间感情融洽，并不意味着要让小孩与父母时时黏在一起。在"亲子互动"这件事上，"相处时间质量的提高绝对比相处时间的数量更重要"而好的设计无疑会对相处时间的质量有所助益。

在王平仲遇见的某些案例中，有的业主买房时不曾对未来有过深思，而孩子的出生与成长却提醒了他们当初的失策，使他们迫切感到了空间升级的必要；而有的业主甚至才刚新婚就已规划起未来孩子在家中的生活、他们将如何教育孩子以及如何与孩子一起玩耍。

不管面对何种情况，对于这位已在各种极端设计限制下百炼成钢的设计师而言，设计师需要做的工作，不是填满空间，而更像是在"书写一个故事"。在他看来，"一个家庭会有一个故事，而设计师应该将不同空间之间的关系研究透彻。为什么要做这样的设计？设计前，是否想象过这家人如何开始在这里生活、成长？主人们从房间出来会看到什么场景？设计中，哪些真正需

要？哪些不需要？哪些仅是点缀？人要怎么相遇？又要怎么互动？设计是否解决了人和动线之间的关系？……这些才是体现空间本质最重要的东西。”当设计师心中有了这些“故事情节”，就会清楚业主真正的需求是什么。而毫无疑问的是，一个家的空间即便应用到了时下最先进的科技，但它却未经过科学的设计，那么，孩子与父母之间的互动也势必不尽如人意。

设计师设计一半，另一半由父母和孩子完成

针对孩子不同阶段的成长，王平仲认为并不存在一种一劳永逸的解决方案，他反而希望能向孩子与父母们提供一个具备足够弹性的空间——取代室内与空间设计由设计师“全包”的传统认知，设计师以“半”求“满”，在建立空间美感的同时创造一个有效并有机的系统，这个系统将跟随家庭生活的变化而变化，提供相应的应对方案；而剩下的一半内容则由家庭成员根据其个性化的需求来继续完成。这样，“家”才成为一件完整的作品。

如今，在家的空间里，父母希望提供的不仅是硬件上的满足，还有软件上的考量——比如，孩子性格与行为的养成。对此，王平仲觉得设计师需要先了解父母的教育背景、生活方式理念等，因为“不同的人对于亲子互动的方式、对于距离感的要求、对于空间隐私性的表达方式……要求都是截然不同的”。而无论是在何种情况下，为孩子打造一个专属“秘密花园”却是王平仲眼中头等重要的大事，“对小孩子来说，那是一个梦幻的、可以发挥创造力的地方。”

有温度的家

在王平仲看来，“家”是整个社会的缩影，居住空间反映了城市发展的特性，住房的硬件越来越好，而家庭成员彼此的关系却越来越疏离。现代公寓住宅设计的重点主要按照公共和私密的关系区分，使用实体墙面将住家空间做理性的分割，让空间和动线合理化，但是对于家庭成员彼此之间的情感互动关系却往往没有深入考虑和研究。

基于这些问题，他希望能打破家庭成员之间那一道冰冷的墙，让房子成为有温度的“家”。

平面图

去掉隔墙，以九宫格打造一个互通的空间

这套平常的两室两厅两卫的房子是为一对70后夫妻的四口之家所设计的。王平仲设计思路的起点是抛开一切既有的房型与格局，将整个空间按照九宫格分割法分割成8个功能区域：入口玄关、厨房餐厅、客厅、书房、公共卫生间、小孩房、主卧室及主人卫生间。去除不必要的固定隔墙，使厨房、餐厅、书房、客厅空间相互交织叠合，提高空间的使用效率。同时，又以移动隔墙的方式，使主卧和客厅的空间灵活多变，兼具私密性与开放性。

客厅

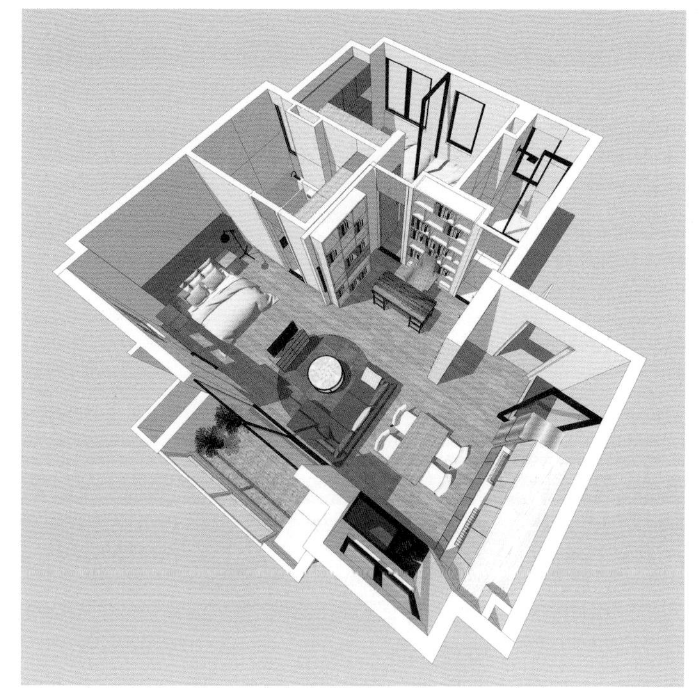

鸟瞰图

兼顾多种家庭结构、多种使用场景的亲子之家

在考虑家庭的成长性上，这套设计可以兼顾多种家庭结构。一人使用时，大面积的公共空间可招待客人，并有客房供临时居住；结婚后，功能设施齐全，既可过浪漫的二人世界，客房也可让父母临时居住；只有一个孩子时，父母可住在儿童房就近照顾；有两个小孩时，年长的小孩可以帮忙照顾年幼的小孩，一起玩耍、学习，共同成长。

书房

主卧

书房

书房：言传身教的核心

通常书房都会设计为一个独立封闭的区域，以确保使用者可以有一个安静的阅读空间。但是王平仲将书房放在了九宫格的正中心，而且是完全开放式的，严格地说，这不能算一个书房，而是一个是阅读区域。“虽然没有了通常书房中安静、私密的特性，但是孩子看到父母读书的场景，这本身就是言传身教的范例”王平仲说。

卧室与客厅之间的移墙打开，会形成一个开放的空间

移门为家预留更多的可能性

完整的主卧室空间包含了更衣室和主卫生间，主卧室和客厅之间的墙面为可移动隔断，在全开放式状态下可以和客厅空间结合，增加空间之间的互动性，在视觉上更宽敞、通透，当关闭时可提供舒适的睡眠空间。

移门关闭，形成一个独立的空间

可满足多种使用场景的儿童房

小孩房中，在两张单人床之间设计了一面移门，使这个房间可以应对多种使用场景。满足孩子不同阶段的使用，既可兼顾父母就近照顾，亦可作为临时客房，还可同时容纳2个小孩居住。移门让共享同一空间的人可以同时保留各自的私密性。

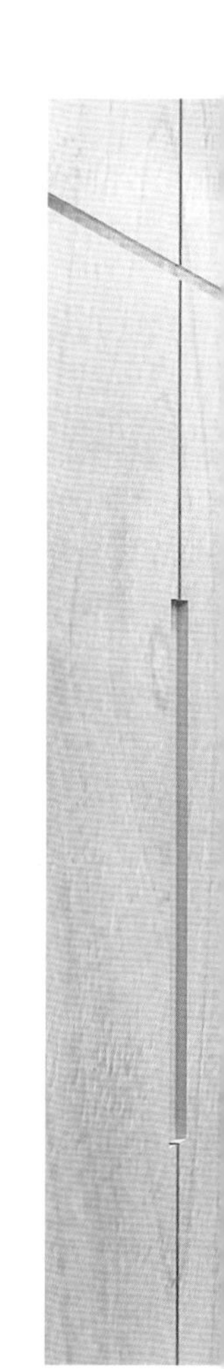

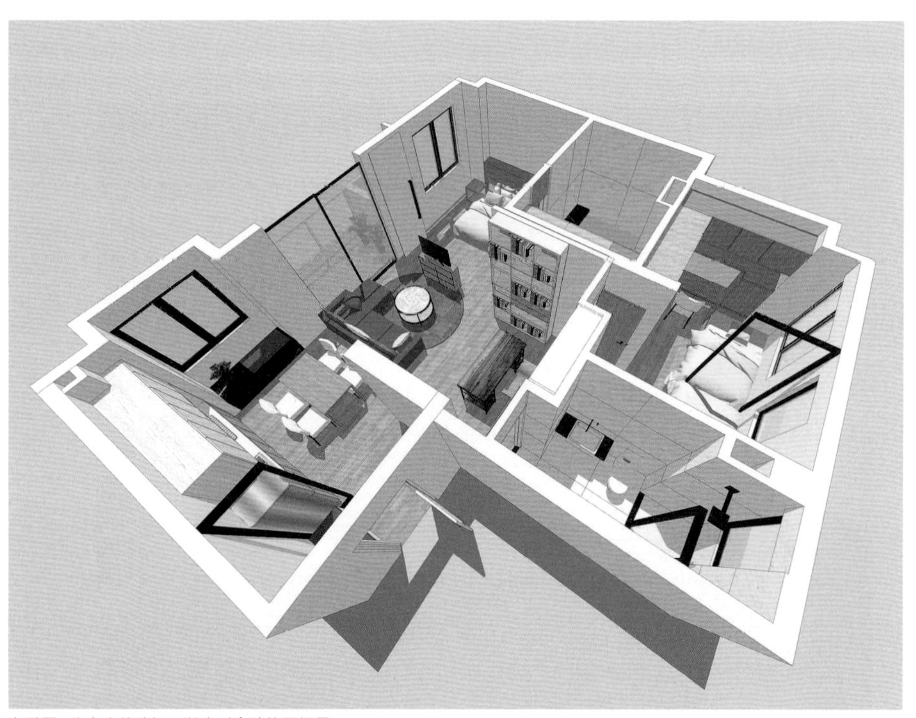

鸟瞰图，儿童房的移门可以应对多种使用场景

儿童房

从客厅看书房和厨房

打破围墙，让房子成为有温度的家

在王平仲看来，“家”是整个社会的缩影，居住空间反映了城市发展的特性，住房的硬件越来越好，而家庭成员彼此的关系却越来越疏离。现代公寓住宅设计的重点主要按照公共和私密的关系区分，使用实体墙面将住家空间做理性的分割，让空间和动线合理化，但是对于家庭成员彼此之间的情感互动关系却往往没有深入考虑和研究。

他希望能打破长期横亘于家庭成员之间的那一道冰冷的墙，让房子成为有温度的“家”。

DESIGN FOR THE SENIORS

适老关怀

除了变老，还要变好

Getting Better When Being Aged

老去，也许意味着身体机能的退化，也意味着忙碌了大半辈子，终于有大把时间是自己的。毫无疑问，家人是永恒的关注重点，除此之外呢，关注自己，培养兴趣，邻里交往……老了，最大的挑战，也许是终于不能回避真正的自己了，老去的样子，就是人生财富总和的样子。

活到老、干到老，是很多爸妈的心态。邹耘和丈夫就是这样的典型，退休以后含饴弄孙，她每天接外孙回家后，就在长桌边陪着外孙画水彩、写书法。借着这个机会，她自己也学起了书法，忙得不亦乐乎。

马秀真夫妇没有和儿子一家一起居住，孙子周末回家时是两口子最开心的日子，但是平时夫妻俩也颇能自得其乐：马秀真酷爱唱歌，儿子送了一套带点唱机的家庭卡拉OK装备，平日里她就在家开唱。丈夫喜欢养鸽子，平日里照顾鸽子、清理鸽棚就能花上几个小时。

吕老师吕佩贞八十多岁了，岁月的沉淀在她身上，形成一种坚韧而旺盛的生命力，她不仅独自处理‘买汰烧’的所有家务，还积极参与各种社区活动，甚至还在社区老年大学里坚持学习。

人们带着一生的见闻、知识老去，也许饱经忧患，但是每一个去过的城市、每一本看过的书、爱过的人，都是生命的厚赐，带着这些礼物，除了变老，还要变好。

30后的日常

——柴米油盐的碎碎念

吕佩贞八十多岁了，本来个子就不高的她，因为年纪大了，身形萎缩，更显瘦弱。老伴早年去世，三个儿子都有了自己的小家庭，不与吕佩贞同住，逢年过节时才会回来，在这个他们从小成长的老宅里与母亲共叙家常。

吕佩贞是一个典型的独居老人，但在她身上感受不到落寞或哀怨，反而是闪烁着一种坚韧而旺盛的生命力，她不仅独自处理“买汰烧”的所有家务，还积极参与各种社区活动，甚至还在社区老年大学里坚持学习。

鞍山四村的街坊邻居中，大家都把吕佩贞称为吕老师，因为退休前，她曾是一名职校语文教师。位于鞍山四村里这个两室一厅的房子，过去曾经是两户人家合用。追溯到鞍山新村刚开始建造的时候，这里是当年解决上海职工住宿的“两万户”住宅计划，是知名的四大工人新村之一，1990年代中期，新村进行了一次改建。当时，吕老师家就把邻居的房子买了下来。几年前，三个儿子一起凑钱给她重新装修了一下。这套吕老师住了大半辈子、承载了她无数人生美好回忆的老房子，虽然略显破旧，却也被她收拾得井井有条，一尘不染。

妈妈留给她的大餐桌，1960年代结婚时买的双人床，还有从宜家买的床头柜，这些横跨了大半个世纪的各色家具，在吕老师家里，从颜色到线条，倒也没有丝毫的违和感。

吕老师给煤气灶设计了块盖板，既干净，又能显得厨房亮堂

家中每件物品都摆放得十分整齐

对于现在身高只有一米五的吕老师来说，所有家具物品都有些太高，吃饭的桌子太高、阳台的栏杆太高、存放棉被的衣橱也太高。但她也有办法克服这些小小的困难，吃饭时手抬高一点，浇花或者拿东西踩个小板凳。多年一个人生活，在吕老师身上形成了一套超强的自信，她拒绝请保姆，认为自己有能力照顾自己的生活。

除了生活起居，吕老师也一点没有放弃自己的社会身份，至今她仍然是鞍山四村第二居委会社区中的活跃人士，居委会时常会邀请吕老师参加各类交流活动，听她对于社区改建的意见。

曾经是中学语文老师的吕老师，至今仍然在体会学习的快乐。她每周会去老年大学，最近正跟着老师在重读《老子》，书桌上还摆着下次上课要温习的资料。

瞿明洁 / 水彩画达人

超哥 / 设计师

瞿爸爸 / 退休

瞿妈妈 / 退休

小鑫

五口之家的生活重心

——为了第三代的成长

中小城市的年轻人来到北上广深这类一线城市，学习工作、买房安家、结婚生子，成为了大城市里的新一代移民。随着子女成家、安家，父母也到了退休的年纪。如果再有第三代降生，那么退休父母追随子女的脚步一起移民到大城市，既能帮儿女照顾第三代以减轻他们的生活压力，自己也能体会含饴弄孙的幸福。在今天的上海，这种新移民的三代同堂，也是一种非常典型的家庭格局。

邹耘和丈夫就是这样的一对老夫妻。女儿瞿明洁在上海读大学，毕业后留在上海工作。等她结婚生子后，邹耘夫妇就从江西老家搬来与女儿一家同住。瞿明洁从事新媒体设计行业，平时又爱好水彩画，甚至还出版过水彩画的绘本书籍，下班时间和大部分周末，她都在客厅专属的水彩画工作台上通过视频给学生上课。瞿明洁的先生也是个大忙人，经常出差。他们5岁的儿子又正是长身体的活泼好动期，面临着明年入小学前的早教准备。

邹耘和老伴就负责起这一大家子的大小事务，邹耘负责小孙子的学习和上学的接送，老伴是家中的“大厨”，要让家人吃得有营养又对口味，他每天都要换新的菜单，还得从电视里的美食节目中充充电。

三代同堂的生活也有美中不足。当初房子装修的时候，自然是按着小瞿夫妻二人世界的生活格局设计的，将近100平方米，两室两厅的公寓，对于小两口来说可以住得相当舒适。而如今，为了应付一家五口人的生活起居，陆续添置各种家具和储物柜，因为没有经过系统性和整体性的设计，不免显得凌乱。

邹耘总想着怎么能在有限的空间条件里让家里的布局好一点，所以她平日的爱好之一，就是时不时调整格局，把沙发挪个方向，把储物柜换个组合方式，或者是换一下床头的方向。全家人最主要的活动区域都集中在客厅，随着人口增多，也随着瞿明洁水彩画课程的不断发展，这个客厅里现在摆了三张写字台，其中一张还是用两张台子凑起来的长桌。邹耘每天接外孙回家后，就在长桌边陪着外孙画水彩、写书法，借着这个机会，她自己也学起了书法；第二张桌子是瞿明洁专门拍摄水彩画教学视频用的工作台；还有一张放在内阳台上的电脑桌是瞿明洁的先生在家的工作区。

家居的空间用得久了，就会显得臃肿。邹耘和瞿明洁一家人一直盼着小外孙再长大一些时，可以重新装修一下这个房子。

瞿明洁在拍摄水彩画教学视频

全家人活动空间主要在客厅，摆放了四张写字台与一张沙发

马秀珍 / 退休

仇忠鸿 / 退休

玩出精彩

——在家K歌　在家健身

几年前，因为拆迁，大半辈子都生活在市中心闹市区的马秀珍夫妇搬迁到嘉定。儿子儿媳的小家庭在市区另有住所，嘉定区这个上下两层有着近120平方米的复式住宅平时就住着马秀珍老两口。楼下除了厨房、餐厅和客厅等公共活动区，还有老两口的卧室。儿子、儿媳和孙子虽然通常只有周末才来，但马秀珍还是给这个小家庭留了一间带卫生间的专属卧室。

平日二人世界，周末天伦之乐。在今天的中国城市家庭中，老夫妻二人的这种退休生活也算是相当具有典型性。依着这种生活节奏，马秀珍把自己的生活安排得满满当当、怡然自乐。

对于中国式父母来说，儿孙绕膝永远是最幸福的事，何况还有一个刚上小学一年级的活蹦乱跳的小孙子，更无疑是爷爷奶奶的掌上明珠。每个周末，儿子一家三口到“乡下”来过周末的时候，都是老两口最忙碌、也是最幸福的时候。

在工作日，儿子一家不在身边时，马秀珍也能和老伴找到不少乐子。老两口爱运动，他们的运动项目不是广场舞，而是直接就在自家二楼的公共区域开辟了个运动区，仰卧起坐凳、瑜伽垫，几件简单的健身器材就能满足他们基本的健身需求。

马秀珍爱唱歌，从革命歌曲能一路唱到“中国好声音”。为了满足妈妈“自嗨”的愿望，孝顺的儿子送了老妈一套带点唱机的家庭卡拉OK装备，一恍神，还真以为自己是在卡拉OK包房里。不过，这里毕竟只是普通民宅而非真的卡拉OK，房子的隔音不够好，马秀珍平时也只是在下午唱一会儿，晚上还是要为邻居考虑一下的。

这套时髦的家用卡拉OK设备，有点像是30多年前的家用电视机，不仅娱乐了马秀珍自己，甚至还让她的家里成了一个小小的邻里中心。现在的邻居有些还是拆迁前的老街坊，有时候小区里其他老人听到她开唱，也会上来参与，这套卡拉OK设备帮她交了不少新朋友。

丈夫仇忠鸿有着自己不一样的爱好，他是上海信鸽协会的会员，养了几十年的信鸽。搬进新家后，他还是琢磨着在不干扰人的地方搭了一个鸽棚，平日里照顾鸽子、清理鸽棚就能花上几小时。

儿子给爱唱歌的马阿姨和仇叔叔添置了家庭卡拉OK设备

有着几十年养鸽经验的仇叔叔

复式结构的客厅并没有添置过多的家具，简单摆放着电视柜、沙发和摇椅，显得格局更为宽敞

子间：
林琮然的守望之所

Designer's Proposal for THE SENIORS

家的风格，无论是华丽或简约都只是表面，重要的是有家人的陪伴，如此才是美好家。

林琮然
阔合国际有限公司创始人、设计总监
意大利米兰Domus Academy建筑与都市设计硕士

扫码预览VR版
“守望之所”

预计2020年，我国60岁以上老人将达到2.4亿，这个数字落到每个人的头上，就是现实版“上有老下有小”的生活日常，大部分老人愿意居家养老，老人们期待着儿女绕膝的天伦之乐，这也意味着，一个空间，需要应对三代人不同阶段的不同需求，弥合两代人甚至三代人之间生活方式的差异，无论是在功能组织和空间可变性上都提出了很高的要求。适老关怀的设计，除了要关注生理机能的需求，更重要的是打造安心之所，创造家人的陪伴空间。幸福就是家人陪伴在身边。

林琮然：比潮流、风格更重要的是老人的需求

中国台湾著名室内设计师林琮然回忆起自己小学时曾经因为骨折在家休养，一个月的时间里每天都是外公照顾着他。“你可以从他口中了解父母亲过去的样子，借由每日不一样的生活作息，提前进入老人家的人生观。”这份记忆在他开始从事设计行业时就一直影响着他，“空间设计不止是在做单纯的装饰，设计的宗旨，是创造不一样的生活给不一样的人生”。

在实际的设计经历中，林琮然接触到不少老年客户，他关注到最近几年一个相当明显的转变：以往都是子女委托设计师为父母来设计的案例比较多，如今更多的是老年人自己来寻找合适的设计，或者直接与设计师沟通提出他们的想法。

对出生于上世纪五六十年代，如今已经成为爷爷奶奶、正在步入老年的人们来说，他们看待生活的态度相较于更年长的长辈，已经大为改观。虽然在中国人的传统价值观、家庭观里，照顾子女以及孙辈的日常生活、享受儿孙绕膝的天伦之乐依然是这代人普遍的生活状态与心理诉求，但同时，老人们也重视自己的生活习惯和爱好、生活品质以及社交生活。

为有历练的年长者做设计，对于设计师也是一个考验。

“他们对于设计潮流的关心程度我觉得不亚于年轻人，在提出设计需求的时候，他们也会拿出各式各样的杂志或者手机图片，来告诉我他们的想法”林琮然说。他一方面关注这些客户对居住风格和审美的想象，但同时在他看来，比潮流、风格更重要的是老人的特殊需求。

“我们看到的统计数据，全国目前有近50%的老年人正过着‘空巢’生活，其中有近80% 选择居家养老”林琮然说，“我国现行的住宅体系在建筑设计时对老年人的需求考虑不多，我们只能尽量在室内设计的层面进行弥补，让老人至少在自己家庭的小环境中住得更舒适健康”。

除了关注生理机能的退化，心灵的关护更重要

林琮然对老年人本身的生理和心理变化进行了一系列的研究。根据医学报告，50岁以上的人在生理上意味着身体机能的全面退化：包括记忆力、认知能力、智力等神经系统退化；视觉、听觉、触觉、味觉、嗅觉等感觉机能退化；肢体灵活度降低、肌肉力量下降等运动能力退化；以及对环境适应力下降等免疫机能退化。随着生理退化和社会属性渐弱，老年人在心理上会普通存在心理安全感下降、适应能力减弱，以及出现失落感、自卑感、孤独感和空虚感等情况。

对于选择居家养老的老人而言，虽然生理功能退化，但他们中的大多数仍然具有足够的生活自理能力，甚至有些和儿孙一起生活的老人还充当着家庭勤务员的工作。对于这些老人来说，适当的家庭工作可以带来成就感。

以10年为设计考虑周期，考虑色调、材质，细节传递关怀

林琮然把做任何项目都当作是研究的过程，除了关注老年人的身、心、灵魂整体性变化与需求，他也会花很长时间与客户沟通，从他们的家庭生活关系出发，再了解家中每个人的不同需求，在这个过程中不断地筛选合适的方案。“设计师需要考虑的是未来十年内年长者可能面临的身体变化，所以必须提供一种弹性的空间结构，能适应老人与儿孙的需求，更重要的是创造出关怀彼此的交流空间，重点处适当的留白以包容更多的想象”林琮然说。

伴随着一些智能家居产品的问世，诸如无障碍的家具、智能的坐便器、能开门的浴缸、适合老年人身体状况的床垫或是床架、与子女的远程沟通等技术，虽然目前其中一些“智能”还有待提升，越来越多的老年人提出各种需求，市场上总会出现能够解决问题的产品。因此，即使在当时为老年人设计时还未达到需要，设计师在规划家的格局时也会考虑到未来安装的空间。

材料质感同样是设计师比较看重的一点，表面上的浮夸、看起来的复杂功能或者昂贵的装饰材料，并不适用于老年人的家居设计，他们需要有比较沉稳的色调、令人安心的材质以及耐用的材料，可以容纳家人和亲人来访的足够空间。至于家的风格，无论是华丽还是简陋，都不是重要的，最重要的是有家人陪伴在身边，就是家最好的状态。

家人成员守望之所

“子间”，取自《诗经》“执子之手，与子偕老”，林琮然将此化为陪伴父母的设计空间，子间是这个面积100平方米的家的日常核心所在，在这个可变的空间中，对陪伴守望、空间转化的可行性进行了极致的思考与探索。整体布局围绕南北主轴线展开，东西侧为老人和年轻夫妻的卧室，延续传统中国民居中轴的建筑概念，全敞开的家庭公共空间让老人家感受到明亮 、通透与活力，满足80后子女和50后父母的情感交流，同时考虑在入住3-4年后，孙儿降生的空间需求。

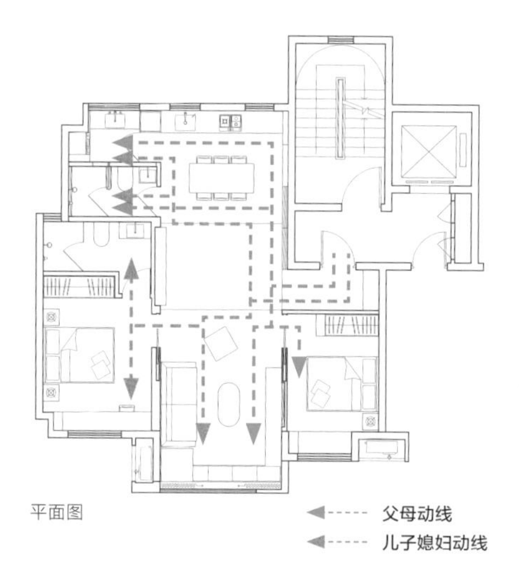

平面图

开敞式的客厅与餐厅等公共区域

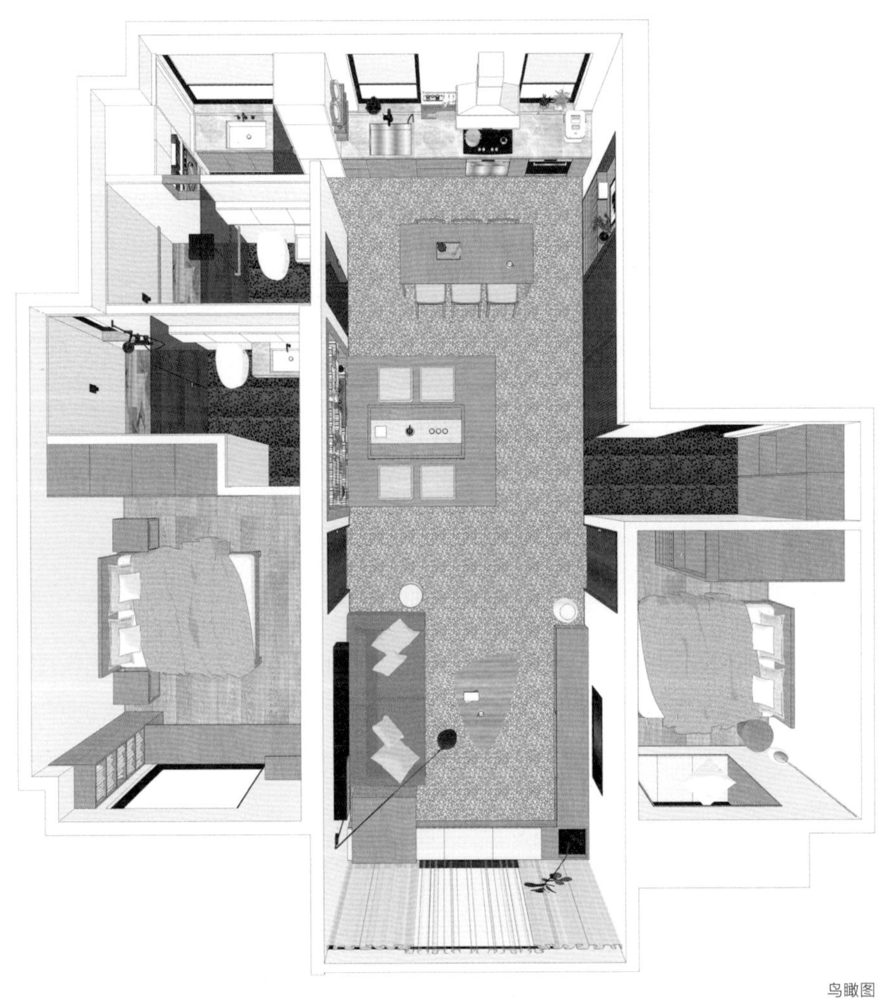

鸟瞰图

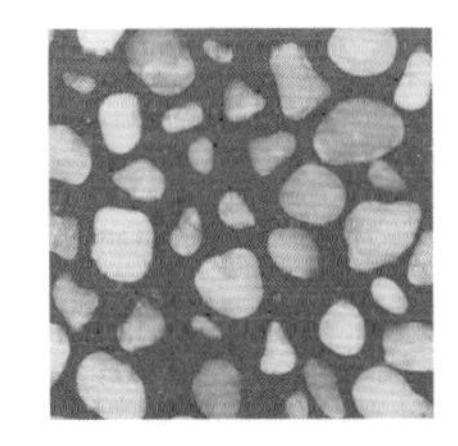

水磨石，兼顾两代人的差异

为了兼顾两代人的审美取向，林琮然选用了充满手感的水磨石作为地板材料，既符合家中长辈的喜好，又不失设计感。室内采用无障碍设计、防火防盗和报警设备，暖色系硅藻泥墙面和质地温和的木材，而红铜的灯具则可以提高居住空间的安全感和归属感。

开放式公共空间，家庭成员之间的活动尽收眼底

这些开放、半开放的空间，可以将三个空间有机相连，使得家人的活动一目了然，对于年长者而言，无论是在做饭、吃饭还是喝茶，甚至陪伴下一代，都可以在这个空间自然发生。儿孙绕膝的生活场景，再没有比这个更能让长辈安心的了。

客厅、书房、餐厅有机相连，形成一个开放的空间

移墙隔出“厨房模式”时，独立空间，互不干扰

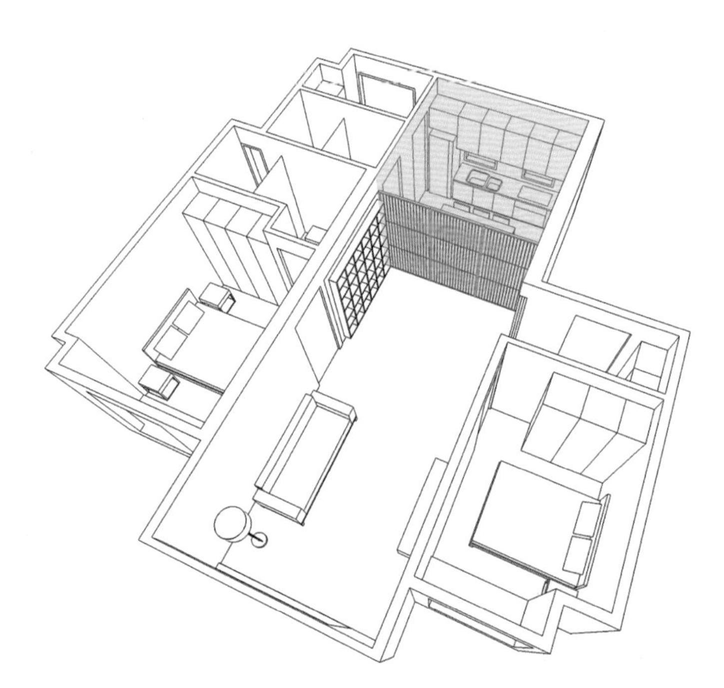

厨房模式示意图

子间：执子之手，与子偕老

“子间”是这个空间乃至整个家最重要的内核，通过6块移门，可以机动地变换厨房、客厅与房间，延伸出书房、茶室、棋牌室等多种组合开放关系：6块移门在这套住宅里扮演着魔术师一般的角色，与预设的轨道相配合，在一个宽敞的公共空间里，移门可以创造出N种模式。

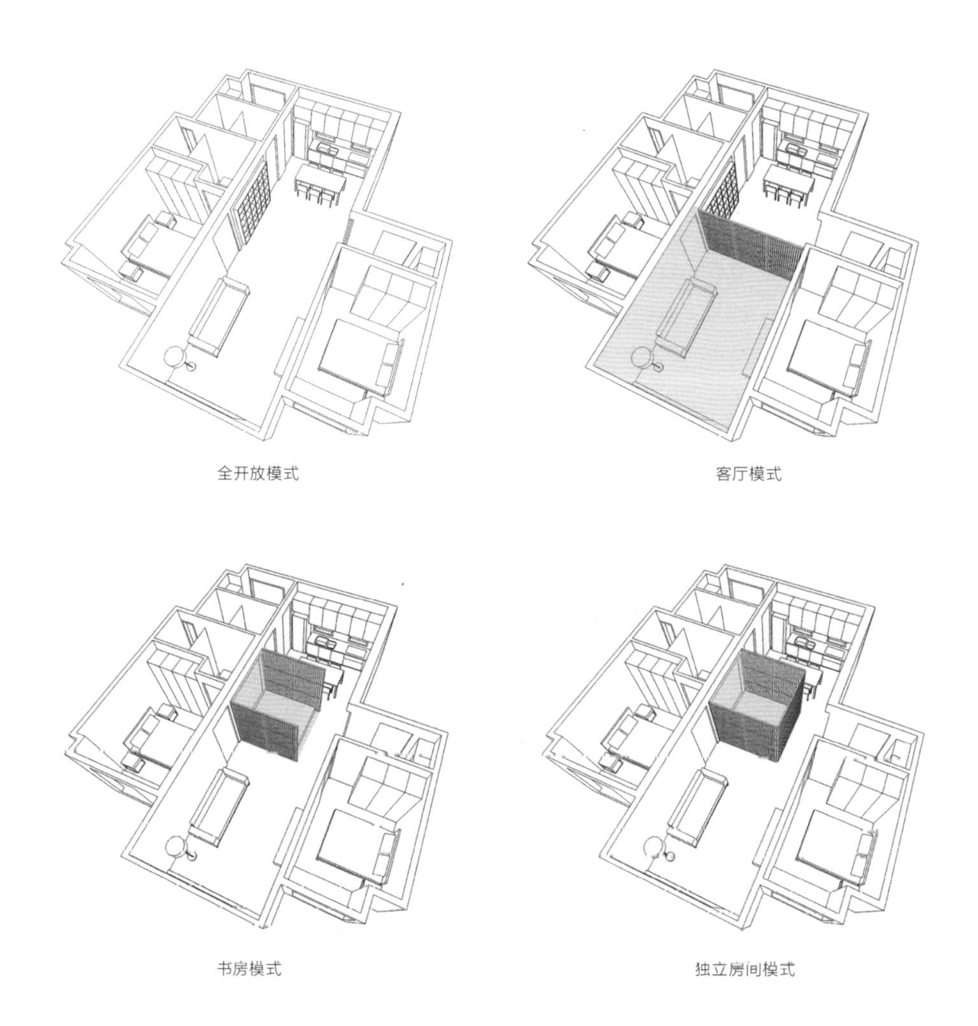

子间：6块移门的位置变化，可以形成多种空间

多功能书架，也可以是地台

客厅正中的书架里也暗藏玄机。整个书架可以整体拉下来，书架背面的面板正好形成一个大地台。而在原先放书架的墙面上，几排可翻开的搁板可以让这个区域再次成为书架。

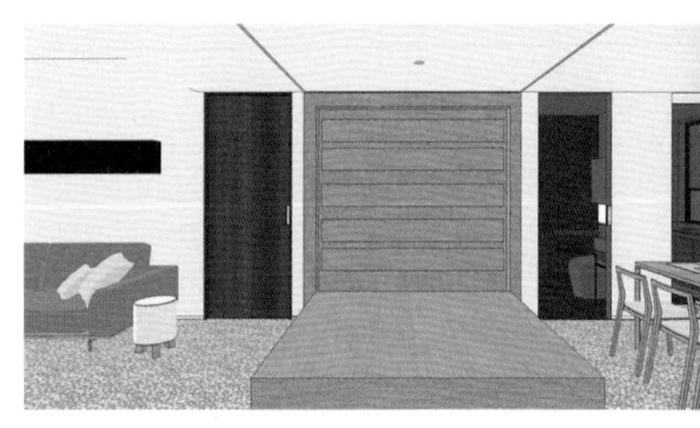

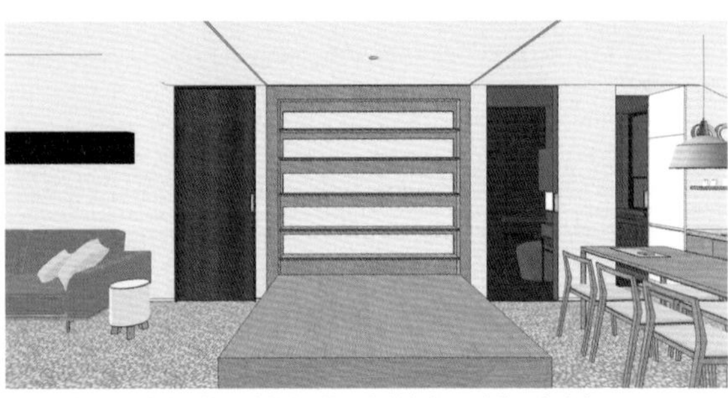

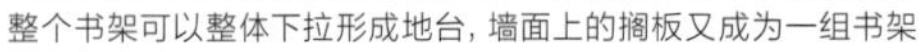

整个书架可以整体下拉形成地台，墙面上的搁板又成为一组书架

基于人体工程学的操作尺度

与一般将洗衣机落地放置、将洗衣机顶面处理成操作台的作法完全不同，设计师将洗衣机的位置抬高40厘米，小小的细节改变，立刻解决了弯腰拿取衣物的生活小困扰。洗衣机下面设计为存储区域。
将厨房的底柜处理成抽拉式座椅，方便老人操作，合上时与其他底柜保持统一的视觉感。

将一小块厨房的底柜处理成抽拉式座椅

洗衣机作抬高处理，拿取衣物不用弯腰

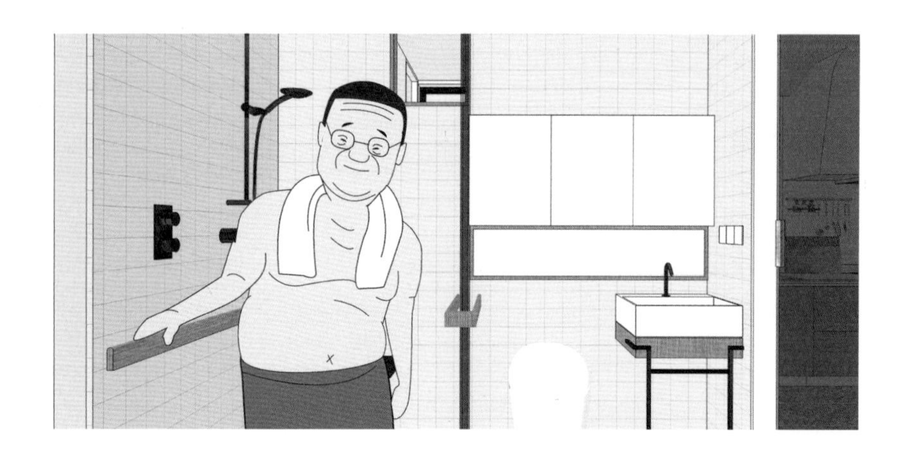

卫生间洗浴区的扶手、感应打开的马桶盖、墙面上的折叠椅，都是为老人考虑的小设计

充满贴心细节的卫生间

卫生间洗浴区的扶手、安装在墙面上的折叠椅、还有智能感应打开的马桶盖、智能感应的小夜灯，设计中对老年人无微不至的关怀，都能在这些细节中体现。

药柜也是贴心照顾

在厨房和老人卧室里都设计了多格小药柜，每个小药柜上可以标记药名和日期，血压计等小型家用医疗器械也都可以在此存放。

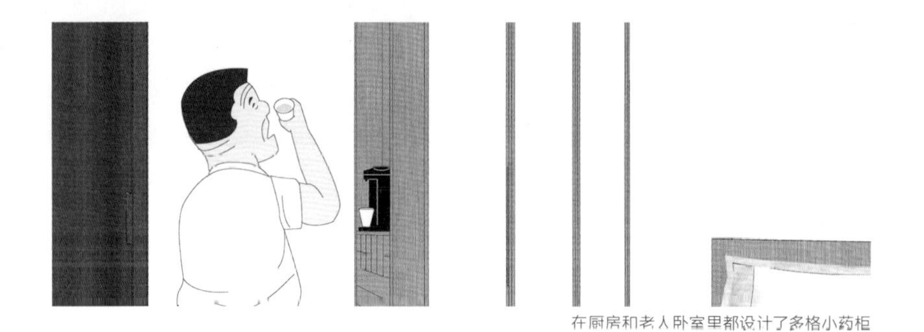

在厨房和老人卧室里都设计了多格小药柜

“子间创造出关怀彼此的交流空间，适当的留白包容更多的想象。”

——林琮然

主创设计：林琮然
设计团队：李本涛、黄宗玲、覃抒琳
插图：Chuck Lin

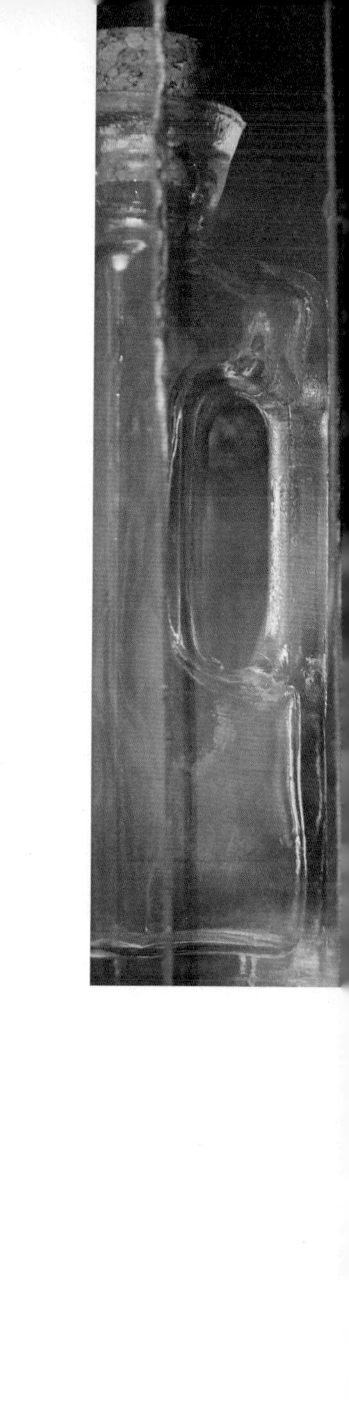

STORY OF ORGANIZATION

整理收纳

整理家的时候，也是整理自己跟世界的关系

Organizing Home, as well as World

我们在这里呈现了4个家，表面看起来，整理收纳是处理‘物与物’的关系，实际上，整理收纳承载的是人和人、人和世界的关系。

家居空间造型师Roger的工作要求他到处跑，从小学习绘画的他，在一个个待拍摄的家中，也许是利用金色丙烯颜料，也许是调整灯的色温，看似随意的材料，不经意间就能让家更好看。他在满世界行走时爱上收集玻璃瓶，从巴黎、香港淘回来的透明器皿，被他小心翼翼地摆进家里的玻璃移门立柜，他还喜欢捡石头，石头们代表着他所走过的每个角落。

陈舒雅和武桐同不久前成立了事务所，专门帮人寻找、定制特别的礼物。于是将各色有趣的设计品摆放家中，既是事业，又可以时时滋养、提示美好，但众多‘美物’的收与藏也成了新问题。

日企主管孙俊平的工作要求他一年四季都必须穿衬衫和西装，也养成了他随手囤衬衫的习惯，这些怕皱的衣物，成了家里整理收纳的大患。

相比于孙俊平的苦恼，拥有Housekeeping认证整理收纳咨询师资格的闫妍，可谓淡定从容，她的职业是‘整理收纳咨询师、收纳空间规划师’，专门告诉人们如何把家打理得井井有条，她还为6岁的女儿Nina设置了一整套整理收纳自己物品的‘游戏规则’，6岁的Nina不仅清楚每个箱子里的物品种类，一旦物品数量超过箱子的容积还会主动清理，扔什么全由自己决定。

家，是我们收藏往昔、当下的容器，家中的每件物品都可以是连接世界的介质，整理家的时候，也是整理自己跟世界的关系。

断舍离从娃娃抓起

——收纳专家为孩子独创的养成法

恐怕，物品疯长无处安放是所有有孩子的家庭最头疼的问题之一。从出生到幼儿园再到上学，宝贝们几乎每天都能“造物”，家长们买起玩具来也从不手软，越来越多的儿童用品总是把原本精心布置的家塞得“走了样”。

真的有那么多东西需要一件不落地保存吗？在收纳空间规划师闫妍看来，面对孩子旺盛的创作欲，妈妈们其实“充满了不可言说的内心戏”。且不谈该扔还是该藏，让孩子从小学会决断，拥有自己管理物品的能力，要比家长们单方面苦恼哪里还能塞个收纳柜来得重要得多。

几个月前，闫妍和先生带着6岁的女儿Nina从深圳搬来上海，租住在一处90年代风格的公寓房内。房子刚刚重刷墙面，即将入住的姥姥姥爷的卧室也还没时间布置，属于Nina的“地盘”却已在第一时间安排妥当——客厅沙发边的角落，绿色卡通儿童地垫所在的区域便是需要她亲自动手整理的“专属领地”。

当我们来到闫妍家时，刚读幼儿园大班的Nina就坐在那里玩耍，玩好一样，把玩具收好，然后再拿出别的玩具。顺着她娴熟的动作，我们很容易就发现了地垫边上的收纳矮柜。卡槽式储物架内放置了五只不同颜色和容积的收纳箱，其中一格空置，高度恰好能用来摆放书包。

旅日十年，拥有Housekeeping认证整理收纳咨询师资格的闫妍从小就为女儿创造了一套收纳体系，训练她“先学会分门别类，懂得把同类的物品放在一起”。在这之后，整理箱内部的物品摆放，就交由女儿全权负责。“初期我会给她建议，摆一次供她参考，之后就让她自己摸索，各种大小的同类物品怎么摆放比较合理。哪怕乱乱的也没关系，孩子自然会选择拿得舒服的方式。”现在搬来了新家，Nina不仅清楚每个箱子里的物品种类，一旦物品数量超过箱子的容积还会主动清理，扔什么全由自己决定。

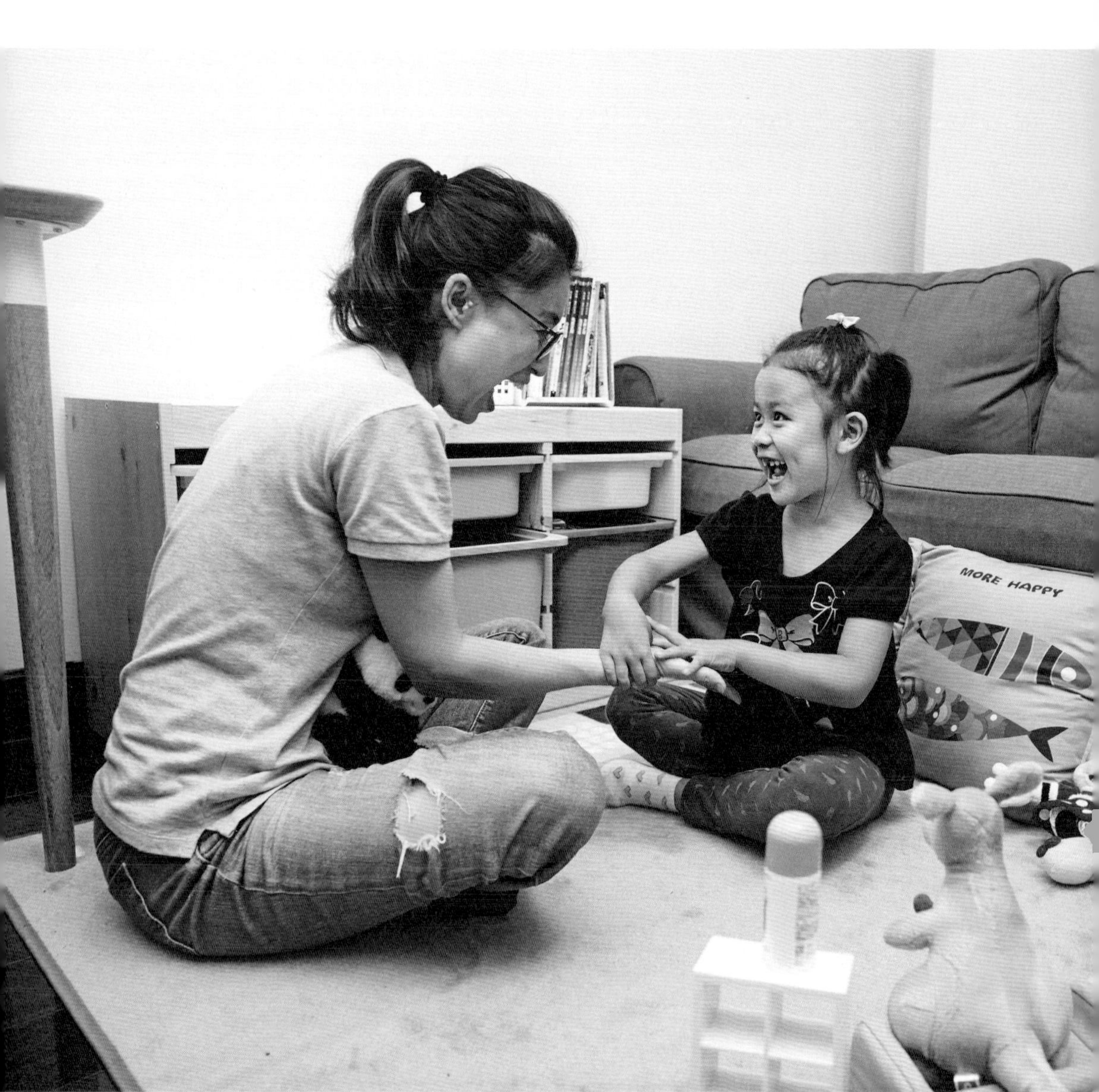

6岁的Nina到了爱玩扮家家游戏的年龄，数量庞大的娃娃分批储存在家中的不同角落，由她决定进入游戏区的“核心人选”

如果你觉得这个家的干净整洁是因为Nina的东西还不算多，那就大错特错了。事实上，Nina的玩具和用品跟其他同龄小朋友一样铺天盖地。只是，暴露在孩子“势力范围”之内，能被她自由支配的物品，都是经过闫妍精挑细选的。“孩子能管理控制的东西只能是他或她眼睛看得见的东西，超出这个范围的他们都管不了”本着这条原则，Nina不常看的书、不太玩的玩具、还没拆封的用品等通通被收在了柜子里，这部分东西与大人共享收纳空间，闫妍会定期向女儿征求意见，进行调换。“其实对于大人来说也是一样的，放满书的书架不见得真的给你耐心——阅读。倒不如在手边放几本最想看的，其他收进柜子里，时常调换来得有效果”。

除了客厅的游戏学习区，卧室也是培养孩子良好习惯的场所。目前，Nina的睡床就在爸爸妈妈的大床旁边。在这里，她拥有自己的衣帽架和床头柜。同样，闫妍把孩子当季的衣物拿出来，再由女儿亲自动手进行摆放。在闫妍看来，孩子需要的是空间而非房间。专门开辟一间儿童房，期望把孩子所有需求一并解决了的做法并不符合实际，还是应该在能看到、听到家人的开放区域为孩子创造属于他们的空间，并规划合理的收纳系统。

当然，如果从最初就能自主设计房子，收纳率可以通过很多种方式得到提高，“最好能有一个柜子集中放置孩子的物品，下层孩子自己管理，爸爸妈妈帮忙上下调换，避免分散带来的空间浪费”。但现实生活中，大多数家庭面对孩子越来越多的需求，还是只能见招拆招。

不过，即便是专业人士，闫妍坦言儿童用品的存放，其实没有标准答案。“在从前的家，我刚开始把幼儿园用的彩笔、蜡笔一样一盒区分开来，后来通过观察孩子的使用习惯才发现，对于小朋友来说，大人的精细分类有时有些过头了。把画画的东西放在一起，对她来说就够了。”除了创造足够的收纳空间，应对孩子不断变化的兴趣和心智，可能才是家中儿童用品收纳面临的最大挑战。

闫妍的家庭办公区就在孩子边上，眼睛看得见的距离让她觉得很安心

儿童收纳柜专门有一格用来摆放书包，Nina从小养成了自己整理的好习惯

孙俊平 / 日企主管

徐芳 / 销售

衣柜的隐痛

——除了空间够大，还得契合生活

结婚10年，孙俊平和徐芳总共就搬过一次家，两次购房都选择了全装修公寓房。现在居住的这套95平米新房房型结构狭长，长廊式的客厅从南至北依次串联起了主卧、卫生间、厨房、书房和次卧。虽然房子的高品质和“拎包入住”的理想状态使夫妻俩尝到了精装修房的甜头，不过，从地板到碗柜鞋柜都一一安排妥当并不代表着住户买了万能保险。

比如说，在实际居住一两年后，房子预设的衣柜就开始无法招架主人的生活了。问题倒也不是因为空间不足，事实上，在购房之初，孙俊平和徐芳曾经对那只占据卧室整面墙壁的“原配”衣柜很是满意。只不过，直到真正使用时才发现，收纳家具能否高效率地完成使命，完全取决于其是否能和居住家庭的生活方式妥妥地契合。

对这个家庭来说，一来，现有衣柜的悬挂空间不足。在日企工作的孙俊平，一年四季都必须穿衬衫和西装。在频繁往返日本出差的日子里，孙俊平几乎每次去都要买上十几件。库存慢慢增多，衬衫洗完熨烫完又必须悬挂摆放，所以“除了多买点衣架外，现在每个衣架上都里三层外三层套着好几件衬衫”。

二来，那些数量充分的竖长型格子不知该如何合理分割和使用。换季整理的时候，徐芳通常把夫妻俩反季和应季的服装分为两类。应季的放在中间最常打开的地方，反季的则放在最外侧区域的下层，两者来回轮换。既要区分男女，又要考虑到季节、材质、衣服属性，在大格子内部创造更精细的分类归纳，对于毫无经验的普通人来说着实是一桩头疼事儿，所以“目前堆在一起，看起来乱乱的。将来打算买一些收纳工具来进行分割”。

更重要的是，在孙俊平和徐芳看来，像如内衣、衬衫、T恤这样穿完就要洗干净的衣物，以及外套、大衣、羊毛裤等可能一季就洗那么一两次，需要反复穿的衣服应该分开放置。考虑到衣柜早已“满员”，夫妻俩在空置的小房间增设了简易衣帽间。衣帽架可以临时搭把手，一旁的衣橱则专门用来悬挂西装、大衣、皮衣等各类外套。夏天，这个空间完全不用打开整理，轻轻松松保持原样就好。而秋冬季节，出门前的最后一步，回家后的第一步，就在这里完成。

徐芳和孙俊平将衣柜原始的移门拆除重装，面对看似放不满、实则放不下的衣柜他们显得很是无奈

相较于衣柜的局促，用摆件配饰点亮家，对主人来说更得心应手

陈舒雅 / BeGifted创始人

武桐同 / BeGifted创始人

剁手癌晚期治疗方案

——设计师赋予了物品审美意涵，我们为什么要将之藏起来

看见喜欢的东西忍不住想要拥有，宠幸的宝贝恨不得统统摆在眼前，幻想每时每刻都被美美的东西所包围，幸福地跟珠宝杂物艺术品生活在一起，这是恋物女孩们的特权。

陈舒雅和武桐同就是这类彻头彻尾的"恋物"主义者。因为生来就对设计和一切美好的东西毫无抵抗力，两人在职场相遇，成了天天能近距离接触到各类设计品牌和独立设计师的资深PR。慢慢地，两人被物品背后奇思妙想的设计故事所打动，也逐渐萌发了"把单纯的、收到美好之物的快乐传递给更多人"的想法。于是，在不久之前，她们成立了BeGifted事务所，专门帮助人们寻找和定制特别的、小众的、合适的跨界礼物。她们所出售的礼物既有像"设计之旅"这样的虚物，也会特别邀请设计师进行合作定制，专门为客户创造属于他们的有意义的物件。"剁手癌晚期"的心态大概是，大千世界美物众多，光满足自己的购物欲哪里够？若毒辣的眼光还能为他人挑选到心仪又合适的物件，那才是真正的满足。

既然分享美物成为了工作，那么"身先士卒"地为设计买个不停岂不更加理所应当？为此，她们特意搬入了这个50平方米的复式公寓，简约、规整、留白甚多的空间使她们能够更有意识地呈现各种宝贝。按照舒雅的话来说就是："很多单品本身是艺术家和设计师的创作心血，已然有审美意涵，为什么要藏起来？"收纳整理对于这个家来说，一不小心就变成了"利用有限的露出空间更新展陈"。

虽然喜好和工作在家中合二为一是件幸福事，但在有限的空间内，这些缺乏关联性的小物件，平时要么只在特定的时候闪亮登场，要么就被束之高阁，实在很难找到一种方法，使不同种类的物品也能和平相处，一并展示。

好在家中艺术品的陈列还算有规律可循。颜色轻盈、平面的收藏品主要悬挂在采光不足的门厅区域。视觉冲击大、占地面积较大又形状不规则的作品，统统被安排在不影响行走动线的角落。海报、画作、背景板等物品则按照色彩协调性分散在家中的不同位置。

这还不是全部，时而在家举办各种活动，舒雅和桐同对应景的氛围装饰品有着较多的需求。就在今年中秋节，桐同把各大品牌的月饼买了个遍，开了一场别开生面的月饼下午茶会，而舍不得丢掉的精致漂亮的月饼盒就不知该如何处理了。"虽然暂时堆在角落也无伤大雅，但万圣节、圣诞节马上就要来了"两个姑娘把一年中不同节日需要用到的东西分别装在行李箱里，然后进行轮番调换。"很多物件好像没有特别合适的去处，只好委屈地堆在一起"她们大概从未想到，欣赏美的同时，还需要承担那么多美的负担。

REBYXINZHAO的亚克力装置是主人最新挂上的收藏

两位女主人与家中一小部分宝贝们

恋物反哺生活

——家居造型师与他的食器之家

Roger是家居媒体圈内小有名气的造型师，平日为大刊创意美妙无比的大片对他来说驾轻就熟。工作赋予了他一双发现美的眼睛和卓越的搭配品位，而他的家，也毫无意外地算上乘佳作。

一个好的家和一组优秀的家居造型片一样，首先需要对大框架胸有成竹，然后再慢慢打磨细节。38平方米的一室户没有结构改造的必要，Roger首先将连接卧室与内阳台的承重结构刷成了孔雀蓝，抢眼的强烈色彩使毫无隔断的主空间自动划分了层次。而即便四壁采用了同一种基本色，从小学画的Roger仔细观察了窗户进光的角度，把向阳面刷成了偏冷的灰色，向阴面则稍带暖调，这样一来，整个家在视觉色彩上得以完美平衡。

在这之后，亲自动手把家扮靓可以说是这位造型师的拿手好戏。鞋柜、储物架、衣柜等房东留下的老土家具被漆成白色，细节处勾勒几笔金色丙烯颜料，瞬间变身时尚单品。工作中留下的无意摔碎的石膏像，搭配一个灯泡一只珊瑚，就是独一无二的台灯。而落地灯特意向后摆放，点亮了悬于床头的那幅主人画的带有颜料滴落痕迹的油画。这里是Roger最满意的角落，“晚上躺在床上看着它，能使内心回归平静”。

Roger喜欢带有明显时代痕迹的东西，比如房东留下的那只上世纪90年代经典玻璃移门立柜是他选择住在这里的原因之一，现在，这件自带复古气息的家具专门用来承载Roger的癖好——玻璃瓶收藏。

不知从哪天开始，他喜欢上了玻璃的通透，无关品牌，只要好看特别的就能立马触动收藏神经。如今，在四层收纳柜中，高矮胖瘦各种玻璃器皿已满满地占去了一半多的空间。其中有不少是在满世界的旅程中获得的，比如出差巴黎淘到的小酒杯，在香港Found Muji活动时买的玻璃醋瓶子和其他厨房用具；有些并不昂贵，“像Zara Home，H&M Home出品的几只，搭配好就非常好看”；当然也不乏名贵如巴卡拉水晶杯，怀旧如老市上淘来的上海老玻璃水杯，基本上“喝不同东西可以拿不同杯子”。

除了玻璃器皿，柜子的下层也不乏一些集中摆放的釉面瓷器。景德镇陶艺家张润是Roger所钟爱的，因为“他做的釉面很特别，非常软，还经常进行一些釉面实验，基本上每一只都是独一无二的”。

Roger为自己设计的家，处处充斥着他独特的审美观

落地灯特意向后摆放，点亮了带有颜料滴落痕迹的油画，这是Roger满意的角落，“晚上躺在床上看着它，能使内心回归平静”

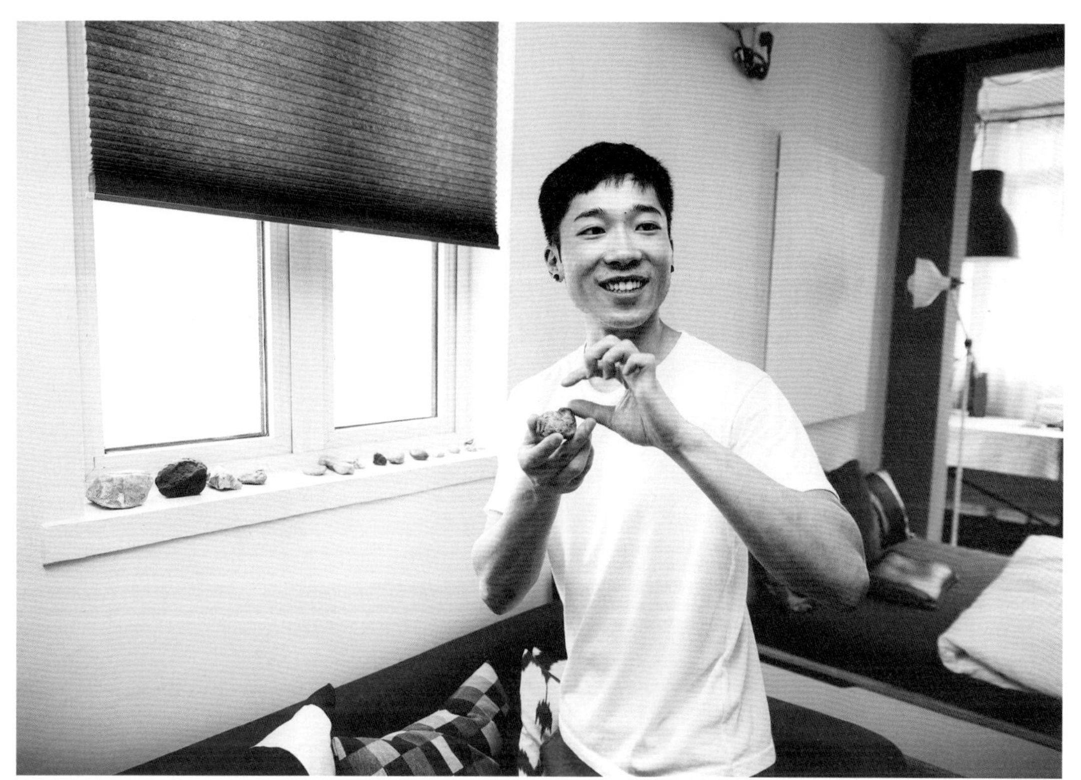

除了收藏食器，Roger也喜欢“捡石头”，石头们代表着他所走过的每个角落

说起每一件宝贝的来历、设计者、特别之处，Roger如数家珍，而真要妥妥地安放那么多瓶瓶罐罐，却实在是一件头疼事儿。对此，Roger的经验是："过段时间就会做一些淘汰，比如有两个的，留一个就好了。”并且，“柜子一定要有玻璃门，这样才不容易积灰。角落里那几件有灰的，都是上一个家遗留下来的产物”。

话语间，Roger还从柜子底下翻出了几只纸盒，自带分割的内部格子里，稳妥地储存着玻璃柜中那些咖啡杯的底盘和还没来得及用的设计师的碗。“只有好看的器皿才可以放在玻璃柜里”，Roger解释道：“为了节省空间，不必要的配件可以像这样分开来收纳。”

在Roger的收藏观里，“不是什么好东西都必须拥有”。他坦言自己同样喜欢家具，但对于这个精巧的家来说，目前还无法承载大件。就像门厅里的那辆自行车，特别想拥有，在无数次碍着进出动线后不得不挂在墙上。相较而言，食器就能够很好地融入日常生活，在目前的收纳过程中，显与藏的关系也相对清晰。不过，连Roger自己也不能预料买起来不罢手的状态在若干年后会为空间带来什么影响。也许“该在开发纵向空间上再多动动脑筋了”，或者“专门租个仓库住在里面吧”。

工作时无意打碎的石膏像、不知该如何储存的珊瑚被巧妙地结合，成了一盏独一无二的艺术台灯

可生长的家：萧爱彬的十年之家

Designer's Proposal on ORGANIZATION

一个成年人在生活形态基本定型之后，
所需物品的类型和数量基本都会维持在一个相对稳定的区间内。
当一个使用者清楚知道自己的物质总量时，室内设计师就能根据实际的空间情况、
物品数量和使用习惯设计出合理的收纳空间。空间是能挤出的，空间是有时限的。

萧爱彬
上海萧视设计装饰有限公司（萧氏设计）董事长

扫码预览VR版
“十年之家”

整理，是思考物品与自己的关系。收纳，是决定物品的位置。人，是"整理收纳"动作的发出者、主体；物品，是"整理收纳"动作的接收者，客体。有家，有人，有物，就有整理收纳。家里的人会变化、物品会变化，因而整理收纳空间也会相应变化，但是正如人们清楚地知道自己家有多少"平方米"一样，亦不能以有限的空间，来安放无限的物欲。

整理收纳，是空间和时间的思考总和。

整理收纳，从"舍"开始说

"舍去、舍去、再舍去，直到舍到不能再舍的时候，事物的真理、真实的一面就会呈现出来 。即使在小小的空间里，也能感受到浩瀚的宇宙，这就是枯山水。"这是枯山水大师枡野俊明对枯山水精髓的概括，在中国开花、在日本结果的禅宗，对日本社会的方方面面都产生了重要的影响。也是在这个国度，催生了一系列具有世界级影响力的整理收纳理论和专家，"拾掇家什"的整理收纳，居然能变成一种职业。

"舍"，也变成了家居生活理念的重要部分，这是日本杂物管理咨询师山下英子推出的"断舍离"概念的重要部分，她认为，断=不买、不收取不需要的东西；舍=处理掉堆放在家里没用的东西；离=舍弃对物质的迷恋，让自己处于宽敞舒适、自由自在的空间中。随着图书的大卖，"断舍离"这个完全拼贴而成的新词，成为一种新的生活理念。另一位日本的整理收纳专家——近藤麻理惠则提出了"怦然心动的人生整理魔法"，她认为人们在整理收纳的时候，应该把所有同一类别的物品放在一起，逐一拿起，问问自己，它是否带来了快乐。

科学收纳的第一步，是盘点自己的物质生活

收纳本身不是什么新鲜事，但收纳概念开始频繁地出现，却是最近这十年间才发生的。显然，收纳开始成为家居设计中的一个显著问题，与经济快速发展、物质生活极大丰富都存在着必然、直接的因果关系。

"我们小时候都有的记忆，像扫帚、拖把这些家政用品，就是往阳台角落或门背后的缝

隙里一堆。每天出门时穿的外套呢，就是在门背后钉几个钉子挂起来。我把这些称为是收纳的'简单粗暴'时代，或者说是'无意识'时代。其实就是把每天都要用的东西随手放在显眼的地方，特别不好看的东西藏在犄角旮旯。”室内设计师萧爱彬说。

相较于早年的“无意识”时代，萧爱彬认为，现在的收纳正处在第二个阶段：人们意识到了问题的存在，却无法找到正确的处理方式。每家每户盛产“剁手党”的同时，收纳的概念出现了。在最近这十几年里新装修的房子，整体厨房、整体衣柜等，都已经是装修时的标配，厨房里则会有各种规格和功能的拉篮、抽屉。现在家家户户的进门处也都有玄关鞋柜。总之，关于收纳整理的各种解决方案看起来已经琳琅满目，非常成熟了。

但事实呢？有多少家里，一开门就是一地鞋？又有多少家庭在抱怨：东西太多放不下？

“放不下”的问题，绝对不是换个大房子就能解决的。“第一，空间是可以挤出来的。第二，空间是有限的。”萧爱彬说。这两条看似平淡无奇的总结背后，是他为未来收纳之道提出的科学解决方案：根据自己实际拥有的物品数量来设计收纳空间；根据自己实际拥有的收纳空间来控制物品数量。

科学收纳的第一步，就是要给自己的物质生活来个大盘点。一般的家居与日常物品，看似庞杂凌乱，但其实，一个成年人在生活形态基本定型之后，所需物品的类型和数量基本都会维持在一个相对稳定的区间内。比如服装中，衬衫、短袖、长裤、连衣裙、外套等长度不同的衣服的数量；鞋类中，运动鞋、高跟鞋、短靴、长靴的数量；有多少个手袋、多少顶帽子，都可以核算出非常具体的数量。依此类推，所有家居用品的类型和数量都可以通过一次大盘点来弄清楚。当一个使用者清楚知道自己的物品总量时，室内设计师就能根据实际的空间情况、物品数量和使用习惯设计出合理的收纳空间。

拥有了符合目前所需的收纳空间，只能保证短时间内的整洁有序。没有任何设计师能满足一个无限膨胀的家，使用者必须根据收纳空间来限定自己的物质总量。如果鞋柜里只设计20双高跟鞋的空间，那么当你买第21双鞋时，就必须从前面的20双里挑出一双来扔掉。这听起来有些困难，但事实上，那些已经有好几年没有穿过的失宠的衣服和鞋子，真的还有保留的必要吗？

收纳有时，不仅仅是对空间的规划，更包含对自己的人生和未来的规划

严格来说，“整理收纳”是对空间使用的探讨和实践，但是收纳更应该是时间范畴的概念：有家，有人，有物，就有收纳。家、人、物会变化，动态地平衡空间使用，时间的维度显然无法回避。

务实的设计加上断舍离，这是科学、系统的收纳解决方案。然而，似乎还有一个问题无法解决：生活的未来不可预知，技术的发展有时也完全超出我们的想象，10年前还不存在的人、还没有被发明出来的物品，今天很可能在我们的生活中已是“不可须臾离”。面对不断改变的生活，又怎能通过控制物品数量来解决收纳整理的问题呢？

对此，萧爱彬在强调“空间有限”之外，又提出了“时间有限”的观点。“主人在成长，家庭结构在改变，时代与技术也在改变。一个使用者在设计自己的家的时候，一定要有一个时间限定规划，比如，规划这个家是为未来10年而设计的，把未来10年中有可能发生的各种变化预设进现在的设计之中。”

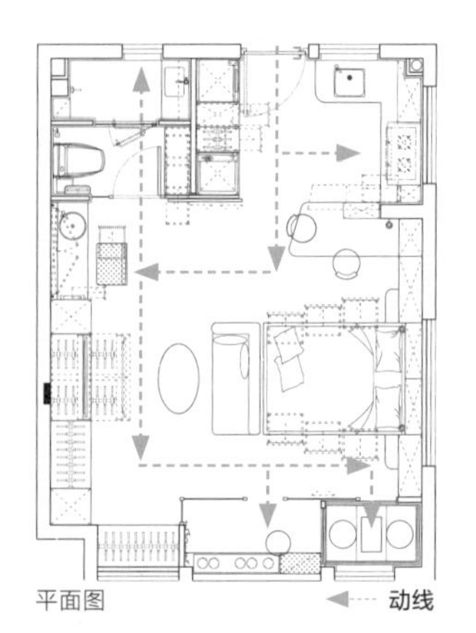
平面图　　　　动线

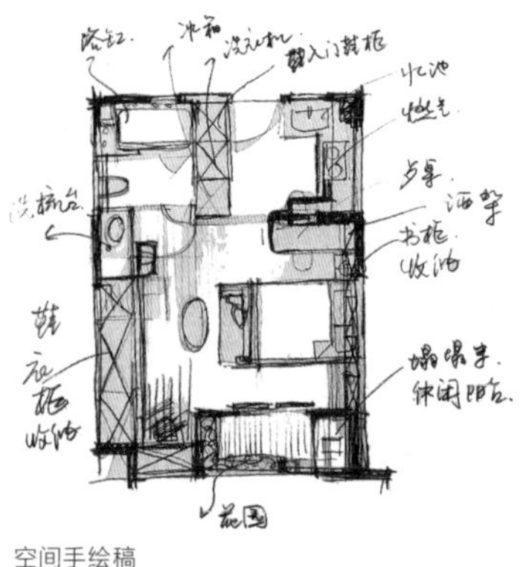
空间手绘稿

10年，会生长的家

10年，是萧爱彬为“会生长的家”设定的使用时限，在这个总面积55平方米、实用面积40.9平方米的空间里，一对即将步入婚姻殿堂的80后情侣将在此生活十年，从二人世界到三口甚至四口之家。10年后，随着孩子长大，主人将会更换更大、更适合的房子。住宅中使用的材料可以持续3-4个十年周期。也就是说，如果10年后下一个住进来的是一个类似的小家庭，他们可以继续使用这些设施，而不必重新装修。

收纳空间的设计要点，在于预留足够的可适变性空间，为孩子的到来、成长做好准备。实际面积只有40.9平方米的住宅里，设计师从每一个角落里挖掘收纳空间，未来宝宝的睡床、游戏空间、玩具收纳等也都已经提前规划。

卧室

鸟瞰图

起居室

卫生间

厨房

入口处的拉出式收纳柜

“移”，空间可变的秘诀

进门即是厨房和玄关，设计师在厨房和主空间之间设置了一面隐藏式推拉移门，移门打开时，空间通透。移门闭合时，可以在油烟流窜时起到阻隔作用，同时也保持了厨房和主空间两个不同空间的整体性。一组抽屉柜设计成了可移动柜体。整个柜体拉出后就变成一个操作台，为本来局促的厨房增加了台面的面积。

可以整体拉出的抽屉柜成了额外的操作台

厨房和卧室之间的双扇移门，打开和闭合时会有不同的空间感

可抽拉的餐桌与移门搭配使用时，可以适应吃饭、工作等多种场景

既是餐厅也是临时书房

用餐时，拉出桌底抽板，增加餐桌面积，最多可供三人使用；阅读时，拉上一扇移门，形成半封闭空间，可以集中精力，在此阅读学习。桌子旁边有丰富的收纳空间，兼顾书柜和酒柜。

从床头看起居室

从阳台看起居室及客厅

电视机与衣柜的创意组合

起居室的衣物收纳柜的柜体表面外嵌电视机，整个柜体可以拉出，后面的收纳空间用于放置行李箱等物品。电视机与衣柜的组合创意，不仅满足了家庭影音娱乐的功能，同时也解决了常规固定电视墙背面浪费空间的问题，美观与功能完美地融合在一起。

从厨房看起居室的收纳

可生长的榻榻米区

在房间中隔出一个独立的空间，铺上榻榻米垫，除了下面可以进行收纳以外，榻榻米还成为男女主人偶尔看书品茗的场所。设计师为这个家庭所预设的成长精彩地体现在这个小空间中，榻榻米的一侧设置了提起式栏杆，护栏由原来的侧柜中弹出，高矮可调节。当小生命到来后，这个空间就可以立刻摇身变为婴儿床。榻榻米与双人床中间的一块小区域，铺上橡胶地垫就成了孩子玩耍的空间，当小朋友出生的时候，双人床的床基抽出来可以成为大小孩的床一直睡到8、9岁。

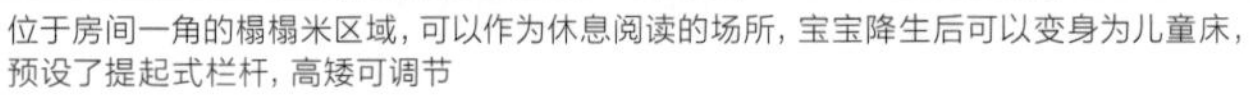

位于房间一角的榻榻米区域，可以作为休息阅读的场所，宝宝降生后可以变身为儿童床，预设了提起式栏杆，高矮可调节

与洗漱台结合的梳妆台，镜子后、洗台下以及梳妆椅下都成为收纳空间

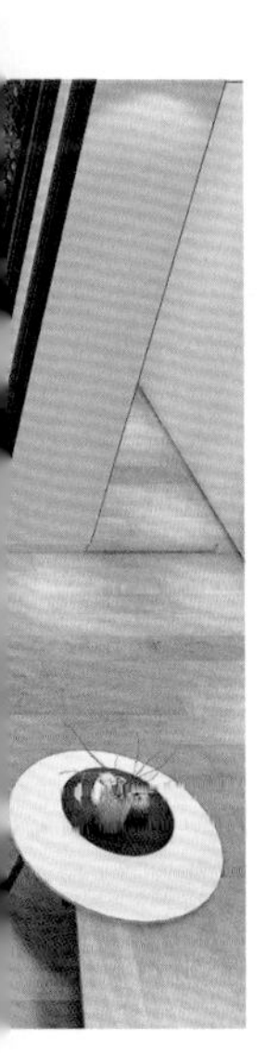

多变的梳洗区

在家中，洗漱、护肤、化妆、挑选配饰，这一系列女士不可缺少的出门动作，在有限的空间内就能全部流畅完成。通过精确的计算，设计师给每一个小物件都规定了准确的摆放位置，让这些细碎的小物件能收纳整齐，方便好用。充分利用每一个空间，将镜子后、梳洗台下以及座椅下的空间都做了收纳，可以将男女梳洗所用的物品全部收纳其中。

整理收纳不仅仅是对空间的规划，更包含对自己的人生和未来的规划

成长，家庭结构在改变，时代与技术也在改变。一个使用者在设计自己的家的时候，除了规划空间，也要规划时间，收纳有时，不仅仅是对空间的规划，更包含对自己的人生和未来的规划。

GOURMET AND SOCIAL

美食社交

以美食之名：
是家，是餐厅，更是暖心之所

In the Name of Gourmet:
Where Home/Restaurant/Love Is

法国著名美食家萨瓦兰说过：与发现一颗新星相比,发现一款菜肴对于人类的幸福更有好处。

买菜、洗菜、备料，为心爱的人、朋友煮上一顿热气腾腾的晚餐，在烟火中品尝食物的本味，觥筹交错里体会爱和陪伴。

英国人尼克烧得一手好菜，声名远播，于是上他们家席地而坐，和9只猫、1只狗一起分享美食，成了身边朋友们的美好时光。

工作忙碌的维斯没空下厨，借着近年来风生水起的家厨，不做饭也能享受到健康美味的‘家常菜’，家住闹市区的她，在手机一键下单，就可以把附近的美食悉数招进家中，没有厨具的家中却有大把好看餐具和酒杯，装上盘，和好友忙里偷闲享受一段美食时光，省时又惬意。

知名设计师王杨，可能是设计师里面最好的厨子了，随着朋友来家中吃饭的机会越多，坚持不‘断舍离’又有收藏癖的她，家中空间日显局促，于是决定开设‘良设’，专门辟出第二客厅来招待朋友，这里也成了大家的DIY厨房，但凡有兴趣，都可以在这里撸起袖子，展现厨艺。

随着宝宝的降生，婴儿的辅食成了李小晔家日常餐食的重要内容，一屋子吃货口味不同，大厨费尽心思调和众口，餐桌是一家人最重要的交流场所。

爱就是在一起，吃很多很多顿饭。

杰西卡 / 外企新媒体运营经理

尼克 / 外企市场主管

Penny、斯蒂夫、刀疤……

小白

前大厨的家宴

——来，和9只猫、1只狗一起组个饭局

在上海生活多年的英国人尼克，是一家外贸公司的主管。这位如今的典型都市白领，曾经的理想却是当个厨师。酷爱烹饪的尼克曾在知名法国餐厅工作多年，从最基本的配菜、经典的法式大餐以及创意甜品都能游刃有余地连带着摆盘一起端上桌。如今，他在上海过着朝九晚五的生活，烹饪美食成为他日常生活中最能缓解工作压力的乐趣。

与他结婚一年多的太太杰西卡告诉我们，她首先是被他烹饪的美食所征服。加上两个人都喜欢小动物，从收养第一对流浪猫开始，直到最近收留的一个多月大的黑白猫，80平方米的家中已经生活着9只猫与1只狗的庞大家族。

太太平日爱把先生做的菜以及猫猫狗狗的生活发在朋友圈里，收获点赞无数之外，朋友更是争先地报名去他们家聚餐。原本尼克认识的朋友圈仅限于工作与老外圈，现在随着“烹饪高手”名扬太太的朋友圈，他认识的中国朋友也开始多了起来。

他们住的房间虽说也有两室两厅，小高层的结构使得实际面积显得小。餐厅虽说可以坐下五六个人，餐厅的墙面上挂满了男主人尼克画的抽象画，若是椅子稍微挪动一下就容易蹭到墙。朋友们反而喜欢围坐在客厅的沙发桌边，或是直接坐在地毯上，就连太太杰西卡平日也喜欢坐在沙发上吃晚饭，还能顺带看几集网络盒子的电视剧。

他们平常习惯在客厅的茶几上吃饭，猫狗都爱凑热闹

厨房的格局规划出于烹饪中式餐饮的考虑，没有尼克所需要的大面积料理台。他们买了一个可以当作料理桌的收纳柜，下面摆放各式各样的盘子和调味瓶，上面可以简单地处理食材。

阳台是家里人丁最兴旺的猫狗家族的空间，为了让它们各自不受干扰地享受阳光，杰西卡在阳台上摆了个多层的爬架。这一排层峦叠嶂的猫舍猫厕，看起来相当地壮观。

请客聚餐的时候，猫猫们特别受“困扰”，通常一打开门见到陌生人就会立即慌不择路地找个缝隙躲起来，或者一溜烟地直冲卧室的床底。但稍微熟悉一会儿，又一个个地开始挠门要跑出来。卧室的房门俨然是虚设。每次菜摆上了沙发桌，因为是矮桌，总有几只大胆的猫伸爪“偷菜”，朋友一边吃饭还得一边严防死守。不过，被9只猫和1只狗撒娇、卖萌围攻，一定会感受到强烈的治愈感。

尼克擅长做创意美食，对摆盘也颇有心得

餐桌周围的墙上挂满尼克自己的画

阳台是9只猫的活动空间

维斯 / 网络公司华东区经理

一人食

——吃外卖也要吃出大餐的格调

上海姑娘维斯，平日在互联网公司工作，新兴行业的快节奏，加班是家常便饭，没有加班到半夜已经算是早回家了。不过走进她位于徐家汇的单身公寓，看起来倒并非是“工作狂”氛围。平日酷爱设计品和旅行的她，在家中收藏了不少从各地淘来的手工艺品和玩偶，加上暖色调的配色，家中显得十分温馨。

49平方米公寓式的小屋里，视野可及的空间都被利用上了。造型感强烈的曲线吧台，是维斯吃饭和工作的主要场所。阳台面积不大，但看出去的视野，恰恰能俯瞰徐家汇夜景以及周边学校的跑道。维斯喜欢在凉爽的下午和晚上，坐在阳台上喝茶、玩手机，或是看书。远处时有时无的人声，近处自己种的花花草草，总能让忙碌一整周的人安静下来。

不过，除了睡觉和难得不加班的周末，维斯能待在家中的时间的确不多。这也使得她每逢有机会窝在家中，总会犒劳自己一些好吃的。维斯选择住在徐家汇最为繁华的地带，除了交通便捷之外，还有个很重要的原因就是，这里可以叫到最好的外卖。周围有不少擅长创意菜的私厨，其中更是不乏“深夜食堂”，半夜加班回家还能喝上一口热汤。

一个人的生活也要追求温馨与精致，吃外卖也要吃出大餐的格调。维斯买了很多设计感强的餐具与杯子，她每次总会把外卖放在好看的器物里，摆好盘再吃，“美的食物才会让你有吃饭的乐趣”她说。

放置一把椅子和一张小茶几的阳台

一打开门就能看得见整个房间的格局

李小晔 / 创意视频导演、制片

乔丹 / 市场经理

李爸爸 / 退休

李妈妈 / 退休

宝宝

晔晔

一间24小时开放的厨房

——宝宝改变人生

从二人世界到三代同堂，好像就是一夜之间的事。李小晔还没回过神，生活就已经彻底改变了。

女儿出生前，李小晔和太太乔丹带着猫咪晔晔，过着悠哉悠哉的生活。李小晔的主业是创意视频的导演，拍摄的内容又是年轻人喜欢的“二次元”风格，拍摄、剪辑都是体力活儿，加班加点也是常事。小两口白天叫个外卖，或者半夜出去吃个夜宵，都算是生活常态，偶尔下厨做饭，也算是夫妻在忙碌工作之余的相互犒赏。

女儿出生后，李小晔的父母搬过来一起居住。在这套复式住宅里，李小晔夫妻和宝宝住二楼，李小晔的父母住在一楼，厨房、客厅也在一楼。二人世界突然变成了三代同堂，人口从两个剧增到五个，再加一只时时要和宝宝争风吃醋的猫。一家三代五口，享受着新生命带来的欣喜，也要适应新的家庭结构所带来的问题。

在这个三代五口之家的内部，最突出的问题是“众口难调”，与之对应的问题是，原本偶尔使用一下的厨房，如今却变成了一间24小时开动的食物工场。厨房白天是李妈妈的战场，她在此为一大家人准备三餐。晚上，李小晔要给半夜加餐的宝宝冲奶粉，伺候完女儿，还要给自己再弄点夜宵。

每天的晚餐是一家人围坐在一起，共享天伦之乐的重要场景。要让坐在同一张桌子上的每个人都能吃上自己喜欢的菜，主厨李妈妈要花不少时间与脑力，还要备上愈发多的食物存货，李家的橱柜里，笋罐头、金枪鱼罐头等，如超市货架一般各有十几听摆了几排。

人口剧增，原来是为小两口而规划设计的厨房必然就会显得局促。以前，乔丹爱烘焙，李小晔经常榨果汁，随着家里人口增多，这些非“刚需”的厨电只好束之高阁。现在的“刚需”类厨电变成了那些为宝宝做辅食的设备。

此外，随着宝宝最近的活动能力日益增强，家里原本用的Wedgwood等精致又昂贵的瓷器也只得收纳起来，而大量改用密胺仿瓷的耐摔餐具，以免被好奇宝宝打破、伤了她自己。

孩子一日日的迎风成长，年轻的父母也在培养孩子的过程中走向成熟。为宝宝做出的改变与牺牲，也恰是这对小夫妻的幸福所在。

宠物猫哗哗因宝宝的出生时常会吃醋争宠

一家人每天都忙着为宝宝准备辅食

王杨 / YAANG品牌、良设创始人，设计师

周平 / YAANG品牌、良设创始人，设计师

妲妲

恋食·恋物

——把时间浪费在美好的事物上

作为现在上海最活跃的产品设计师，王杨自从十多年前德国留学回国后，就与先生周平一起成立了独立设计品牌YAANG。两个工作狂的日程总是排得很满，但是无论怎么忙碌，烧得一手好菜的王杨十分看重每天回家后家人坐在一起吃饭的时光。尤其是每逢周末，正在上寄宿制中学的女儿回家后，她必定会事先准备好食材，烹饪一顿大餐。

王杨的烹饪手艺其实早在多年前就是设计圈内出了名的，她的朋友时不时地都会撺掇她举办家宴。从食材的挑选、烹饪的专业手法一直到摆盘的各种精致器物，她出品的家宴每个细节都能拍大片。

自小学习艺术、之后从事原创设计行业的她，对于"美好"有着一份从工作到日常生活点滴的全方位的执着。她有一句挂在嘴边的话：把时间浪费在美好的事物上。作为一个产品设计师出身的老饕，王杨所迷恋的美好，绝不仅是食物的味道，更是盛装食物的器皿。她从世界各地搜罗来的杯盘碗碟，件件都有来头，其中不乏古董，作为设计师，王扬自然有能力鉴别出不同设计时期的代表作，以及鲜见的手工艺作品。

在设计自己位于市中心的四室两厅的家时，王杨抱着让美好充盈整个空间的思路来规划自己的家。她把客厅、餐厅、厨房以及阳台空间打通，既能在招待朋友时拥有足够宽敞的视野，又在各个承重墙所在的位置打造足够大的收纳空间，把日常所需的一些用品"藏起来"。空间与空间连接的角落中布置了陈列柜，摆放了自己从世界各地搜罗而来的手工艺品和设计品。整个色调以黑、白、灰作为基调，在门框上点缀了自己创办的YAANG品牌的布艺设计，加上客厅主墙上悬挂的大幅油画，布置得既符合设计师兼艺术家的审美，又能满足日常生活的功能。

王杨偏爱“把时间浪费在美好的事物上”，家中摆放了从世界各地带回来的收藏品

王杨称自己是“永远做不到断舍离”的人，在她的家中美食与美物的爱好从各类架子上绵延到各个橱柜的角落，厨房的所有橱柜都是“爆满”状态，甚至本来计划用来画画的大书桌上都摆满了各式各样的器物，有些甚至没来得及拆掉纸箱子。她最近的收藏，几张欧洲18世纪的古董摇椅，在客厅中摆出了两张，另一张只得架在客卧的角落。

如今，女儿也受到妈妈的影响，参与妈妈的设计美食家宴，还向王杨建议她认为美好的配餐器物。眼看着家中的藏品越来越多，储物空间是个问题，有些更是因为放的位置“偏僻”，时常想到哪件合适的器物却怎么也找不到，一周举办多次家宴还不能满足朋友们的食欲，都令王杨决心将“家宴”当作一门事业来经营。2016年初，她在愚园路上开设了一家名为“良设”的生活方式概念店。这里既有对会员开放的定制私宴，也有各种设计产品的陈列与销售。“开这家店我还有另一个私心，可以把家里太多的收藏找一个地方陈列出来，好与更多的人分享。”王杨说。

走廊两边用暗门藏了两个储物柜

每次家中宴请宾客，王杨都会挑选应季的餐具与茶器来搭配当日的美食

食遇：何文哲的美食之家

Designer's Proposal on GOURMET AND SOCIAL

“

无论是忙碌一天后，回到家中与家人间的情感沟通，还是邀请三五好友来家中做客，建立更深入的信任关系。空间设计都可以在食物的味道之外，于无形中提高交流的质量。

”

何文哲

中意创新设计联合会副理事长
西象建筑设计工程(上海)有限公司总经理、创意总监

扫码预览VR版
“美食之家”

互联网拉平世界，也创造了简单美好的生活方式——以食会友。

事实上，人们越发愿意邀请友人到家小聚，精挑细选的食材、精心烹饪的过程，成就了餐桌上的每一道佳肴，靠着舒服的沙发聊天，甜品小果、袅袅清茶，随性而惬意，不知不觉中便度过一个美好的下午。

唯有美食与爱，不可辜负。

美食当前，我们在干嘛

共享经济赋予了美食社交新的内涵，近年来私厨蔚然成风，食物，成了连接原本不可能有交集的陌生人的神奇法宝，打开诸如“我有饭”这样的APP，滑动手机，在一个一个的家中跳转，精致的图片里，食物、家中摆设、私厨主人的情况一览无余，食物之上，有趣的主人、好看的房子、吉他爱好、职业、校友……都可以是点下“预定饭局”键的理由。

移动互联×美食似乎成了拉进陌生人之间关系的重要手段，另一方面，颇为讽刺的是，饭桌上的人们，低头各自看手机也成了生活中并不少见的场景，以至于有些霸道的约饭，大家要事先约定把手机摞在一起，在家中，这样的场景就更不陌生了。美食变成摆拍道具，社交变成低头与手机的另一端的社交……因着新技术，这两项被赋予了太多可能。

“来家里吃饭”：从“省钱”到表达亲密

一直以来，客厅才是一个家庭里最重要的公共空间。无论是家庭内部成员之间的交流，还是接待来访的客人，基本都是在客厅进行的。一圈沙发、一台电视、一张茶几，这是维持了二三十年的客厅标配。而一家人在饭后围坐在沙发上看电视的场景，也是好几代人都再熟悉不过的生活模型，甚至很多80后的年轻人都还存有到亲戚或邻居家看电视的童年记忆。

一种硬件设施，催生一套生活方式。今天，电视作为一种娱乐工具，毫无疑问地已经去中心化，视频网站上几乎无所不包的娱乐资源、各种类型的移动电子屏幕设备，让人们可以在任何地方、以任何姿态来观看自己想看的任何节目。现在，到别人家去看电视简直就是一件不可思议的事。即使是在家庭内部，饭后一家人围座在沙发上看电视也不再是常态。而由一起看电视所催生出的那种社交模式，也在一定程度上被各种迅捷、即时、远程的社交网络所取代。

今天，人和人可以坐下来、面对面地交流，几乎是一件奢侈的事。如果不是开会，那就是吃饭。

这30年里，与“到亲戚邻居家看电视”一样发生剧变的，是“到亲戚朋友家吃饭”。30年前，“下馆子”还是一件奢侈和值得炫耀的事情，今天却已经是大部分都市人“图省事”的生活常态。请朋友到家里来吃饭，30年前或许还存在经济支出上的考量，而今天，那是一种对友好、善意、亲密的极高级别的表达。

家宴：从满足味蕾，到注重体验

经历了几十年剧烈的发展变化，人们对居住、对社交生活的需求都在朝着更精致的方向发展。请朋友到家里来吃顿家宴，成为社会精英对社交关系的细化经营。在最近几年里，何文哲在接触各类客户的过程中，已经开始感受到这股潮流。

实体空间具有的昭示力，也许能够唤起人们的注意力，专注眼前的美食和人。共享美食本身就是一种社交手段，而围绕在美食周边的，从食物、食器到餐饮空间，也都会对人们的情感和思想交流有着微妙的影响。“美食社交的目标，是让人舒服的沟通。”室内设计师何文哲说：“无论是忙碌一天后，回到家中与家人间的情感沟通，还是邀请三五好友来家中做客，建立更深入的信任关系。空间设计都可以在食物之外，于无形中提高交流的质量。”

无论是家庭内部日常吃饭时的相聚，还是邀请客人参与的家宴聚会，开放式厨房、舒服的餐厅是这一切活动展开的核心，餐厅的空间布局、灯光、餐具食器的选择，都是需要设计师与主人用心考量的细节。

设计师何文哲认为，添加一些特别的灯光设计的小元素，会在家庭聚会中起到意想不到的剧场感效果。“比如，用荧光颜料绘制主题式装饰画，当你打开气氛灯时，这些平日看不出的图案就会显现出来，这种作法立即就能调动起聚会的气氛，同时也能凸显出与日常生活的距离感。”

食器的选择也很重要，它对客人的心理有着微妙的影响。随意的日常餐具会让家宴显得轻松，具有设计感的、高品质的餐具会提升家宴的精致程度。但无论如何，“易碎的设计珍品，或者过于昂贵的摆设，都有可能给客人带来压迫感或者拘谨的就餐氛围，所以餐具的选择要适度，正如中国传统文化中的待客之道，谦谦君子，卑以自牧，有品位的随性自在，才能更显出主人的诚意与周全。”设计师如是说。

食遇记：既是家，也是餐厅、电影院，还是旅店

设计师何文哲对美食颇有心得，平日里也总会涉及餐厅设计，除了商业餐厅，他也注意到在家宴请朋友这一新的生活型态，不同于商业餐厅的完全开放，如何在主人隐私生活、宾客互动开放之间把握平衡，让宾主尽欢？“食遇”成为凝聚他对这一命题的思考结晶。

在这个100平方米的空间里，他为一对80后夫妻设计了独特的以食会友空间，大尺度的空间预留给客厅和餐厅，为美食、互动留足空间，第二餐厅——阳台的设置，则是连通室内和室外的互动平台，把酒临风、仰望夜景，都是不错的空间体验。

在功能的组织上，设计师从餐前、餐中、餐后，进行了不同的功能组合和变化：家是一个完整的小型餐厅，厨房、餐厅的设计充分考虑备餐、就餐、餐后整理的需求；家也是一个电影院，投影仪的嵌入可以满足丰富多样的需求；与餐厅相连的客厅，可以利用移门，在封闭和开放之间进行自如切换，可以是一个临时的小小会议室，也可以是餐后休息的临时客房。

这一切基于设计师对家、就餐、社交3种不同的需求进行了有机思考和结合：无论是家庭内部还是邀请朋友，都可能会出现有人没兴趣或者没有机会参与的情况。空间设计时一定要顾及其他家人的隐私与安静。即便是家庭成员之间，也需要有足够的私人空间，当家里有客人时，也可以在自己的独立空间中不受干扰地学习与休息。总之，越是经常举办家宴的家庭，就越有必要将私密空间与公共空间分隔开来。

平面图

家庭厅

鸟瞰图

主卧

主卫

餐厅

超大的厨房与餐厅，同时与家庭厅相连

预留了冰格的岛台

能容纳8-10人同时就餐的大餐桌，一侧的阳台同时也可以承接一部分人流

以美食为中心的家

在这个为社交达人而设计的家里，没有传统意义上的客厅。事实上，它只分为公共空间和私密空间，客厅及其功能完全被开放式厨房取代了。从主人公的生活习性及家庭构成去考虑，设计师选择完全开放的方式去赋予空间美食与社交的功能，开放式的餐厨空间、多功能的家庭厅、氛围极好的阳台以及有趣的细节部分，都将在有限的空间里得以体现。公共空间与私密空间动线顺畅，互不干涉，希望在酣畅的聚会之后，能有私密舒适的空间得以修养，一门之隔，呵护两心。

对于两个好客的美食家来说，没有什么比一个超大的开放式厨房和超大的餐桌更让人心仪了。可以容纳8-10人同时就餐的超长餐桌，中心岛台上预留的用来冰酒的冰格，都将主人好客的气质表现无遗。岛台上的内置电磁炉，还为主人提供了“露一手”的机会。在就餐之外，大餐桌也承载着生活中很多功能，它还是一个超大的工作台，可以工作、开会。餐厅一侧的一长排白色烤漆面板橱柜，除了让整个空间看起来简洁通透之外，还自然地起到了投影幕布的功能。

既是餐厅的延续，也可以是独立的空间

家庭厅看起来像是一个包厢，与开放式厨房相连，以一道移门隔开。当客人很多而需要“分组讨论”的时候，合上移门，家庭厅和餐厅就成了两个各自独立的世界。在家庭厅里，客人们可以围坐聊天，甚至还可以开会。预设在一圈沙发下的暗床，是为那些个别酒醉不归的朋友准备的休憩之处。

看起来像个包厢的家庭厅，与餐厅可分开、可连通，是朋友聚会谈天之处，沙发下的暗床可供客人留宿

阳台也是朋友相聚的重要空间

阳台：可以喝茶、烧烤的第二餐厅

除了开放式厨房之外，阳台也成了“第二餐厅”，无论是在阳台上摆张小桌喝茶抽烟，还是直接在阳台上搭起BBQ烤架，主人和客人都可以享受一起动手烹制食物的过程。比起围坐在餐桌 周，这种形式更有一番派对的氛围。阳台上也设计了可以舒适落坐的地方，好友相聚，除了在室内享受主人的美食大餐，也可以在这里沐浴阳光或者仰望星空。

BANGLADESH
MILLENIUM

美食社交的目标，是让人舒服地沟通

共享美食本身就是一种社交手段，而围绕在美食周边的，从食物、食器到餐饮空间，也都会对人们的情感和思想交流有着微妙的影响。“美食社交的目标，是让人舒服地沟通。”

GREEN LIFE
绿色生活

绿色生活，
与周围的世界一起呼吸

Breathe With the World

什么是绿色生活?

嗜兰如命的顾宝君，宁愿割出一块卧室来作阳台，也要满足他‘花奴’的愿望；张晨玲把健康的饮食与身体视作人生最重要的追求，而她的事业与生活也在这里顺畅地连接在一起。

绿色生活，是早睡早起，是月色下慢跑；

是有机种植的蔬果，是阳台上的一丛花草；

是特斯拉，是摩拜，是一块手工香皂，或者一件棉麻外套……

绿色生活是生活本身。做陶艺的李乐，用她简洁干净到极致的家，向我们诠释生活就是停下不必要的追求，安静地面向自己的内心。

绿色生活是对世界的深情。在Sherry和Reafer的家里，家具是用回收的火车枕木制成的，旧东西扔掉时也要先考虑它们的循环路径。这对夫妻的‘绿色’视野早已超出了自身，更包含着对这个虚拟又具体的世界的眷顾与责任感。

绿色生活是物质，更是生活的方式。是与自己、与家人，与周围的世界，一起美好地生活。

99

李乐 / 陶瓷艺术家

向东 / 广告片制作

子墨

极致极简

——慢，是停下不必要的追求

走进李乐的家，就走进了一个清简的白色空间。客厅墙面上，几条从景德镇运回来的质地粗粝质朴的木板直接变成了搁架，上面摆着她的陶瓷作品。坐在客厅里聊天，面对着一墙钵碗，发现那也是一道让人慢慢安静下来的风景。

这几年李乐和先生向东慢慢让家居空间与工作室合二为一。五年前，李乐喜欢上了陶艺，于是就在上海市郊家里的客厅开始拉胚做陶了。随着陶艺渐精，要实验的工艺越来越多，她又在阁楼上专门辟出了工作室。现在的客厅里是儿子的一架练习钢琴，二楼是厨房和餐厅，那里同样陈列着李乐做的碗碟。

说起自己的家，李乐总觉得“并没有什么特别的地方”。装修房子的时候是在十年前，李乐只是用最纯粹的方式，找最简单的建材。然而当年要找那些“黑、白、直”的建材并不容易，别说是简约禅风的家具，哪怕是要找一只线条简单的灯都很难。包边、门套、背景墙这些，在她看来都属于无意义的装饰，她和先生两人用了最简单的方法——直接留白来处理空间，放眼望去只有一些利落干净的白色线条。或许正是这种看起来没有经过刻意设计的“不特别”空间，才有着可以容纳一家人几年来慢慢变化的余地。

阁楼上的工作室同样是以白色基调为主，显得格外干净，李乐如今把陶瓷视为自己生活的一部分，工作室对她而言是一个“半工半禅”的空间。工作间里一半是晒台改建的阳光房，四周通透，玻璃床前的遮光宣纸和倒悬的干花植物让空间更添灵动。楼梯口一侧用白砂和青苔的小景稍作区域划分，一边是易清理的白色水门汀铺就的和泥拉坯区域，正中是摆放着半成的坯胎的陈列区，还摆着一张用来修坯、灌浆的工作台；一边靠近阁楼的斜屋顶下则是一个可以喝茶打坐放松的休憩区。

阁楼工作室的斜屋顶下是一个可以喝茶打坐放松的休憩区

李乐在家里做陶的时候，有时先生也会来帮忙，两个学艺术设计出身的伴侣偶尔会在对方的事业里客串一下。一旁的茶桌也是李乐用从景德镇搬回来的“破木头”搭的，风化的木纹肌理和她自然风格的茶器相得益彰。

对李乐来说，拿起陶土反倒是放下自己的时候。这些年接触陶艺，渐渐发现自己对待生活的方式也发生了改变。这对设计师出身的夫妇，一开始做陶总觉得是用自己的设计加上陶瓷的工艺和材质来呈现出不同的结果。把自己的审美带入陶瓷，让工艺来契合自己的意图对设计师而言是太正常不过的思维方式，然而在制作陶瓷的时候却往往不适用。泥巴摸久了，渐渐熟悉材料之后李乐发现，烧制陶瓷的过程中如果发生开裂，往往就意味着人为强加的部分太多了。在她看来，好的陶瓷恰恰是在一个人的“能量”很弱的时候做出来的东西。

“慢，是停下不必要的追求”，李乐在做陶的过程中所体会到的，她对生活的态度，对家的态度，也是如此。没有“设计”痕迹的家居空间，随着生活的变化自然地发生改变。如今李乐十分享受全身心投入到陶艺中的生活，近两年还不时要前往景德镇工作。对她而言“家”就从原先工作与生活的地方，转变成一个给自己留出思考空隙的地方，一个随时可以停下来“放下自己”的地方。

“家”是一个随时可以停下来“放下自己”的地方

李乐在家里做陶的时候，先生也会来帮忙

俩人一块在工作台上修整器形

顾宝君 / 退休

李佩娟 / 退休

顾西瓜 / 自由撰稿人

切一半卧室当阳台

——花奴的牺牲

深谙“螺蛳壳里作道场”之道的上海人，常常在小空间里大显身手，习惯向空中“借”空间来拓展居住面积，比如封阳台就是一种司空见惯的典型手段。

退休后把家安在青浦朱家角的顾宝君一家却是反其道而行之，他们拓宽了与卧室相连的阳台，也就是说，切了一部分卧室面积，变成阳台。这样奇怪的作法，只因为顾爸爸是个超级花奴。

今年73岁的顾宝君在年轻的时候就喜欢侍弄花草，曾经喜欢养盆景，从小株盆栽养起，每一年都要给植物的根系绑线绳拗铁丝，每盆花一养就是几十年。后来他又喜欢上养兰花，当时在市区房子有限的2平方米小阳台上，竟然养了三十几盆兰花。那时候为了这些无情草木，常和太太“争抢地盘”，每到要晒衣服被子的大晴天，就是顾宝君家阳台周转不开的日子。

如今在朱家角安置的这个宽敞的新居，似乎可以轻易解决阳台之争。只是在是否要把卧室也牺牲一部分出来当阳台用这个问题上，还是在一家人中间引起了一阵子争论。

顾宝君家有两个阳台。与客厅相连的主阳台朝西，每天傍晚强烈的西晒，不适合种植喜阴的兰花。于是顾宝君就打起了卧室南阳台的主意，然而这是个宽度只有50厘米、原本规划用来放置室外空调机的装饰阳台。在一家人的反复讨论后，他们决定“牺牲”卧室面积，把连着阳台的落地玻璃内移，以尽可能确保种花空间。

如今老人的卧室里，一边是安置他经手把玩的古董文玩墙，一边就是这个经过扩建后摆了五六十盆兰草的小花园。不按装修惯例把阳台封起来，留了一方自然绿意给户外，也利于兰花更好地生长。在上海养兰花并不是一件容易的事，需要每天给这些兰草浇水、遮光，到了冬天夜晚还要给花草开一种紫外线的灯，尽可能模拟接近原产兰花的山林中的温度、湿度和光照。顾宝君说，兰花是一种只要精心照顾就会一直活着的植物，它连接着古时候的山林静气，也可以代代相传。

日常生活中，南、西两个阳台上的这些花花草草是两个老人日常照料把玩之物。春节的时候在玄关上摆着水仙，夏天石斛花开时就把它搬到客厅里，秋天海棠花开可以摆在案头观赏，冬天腊梅花开时满室芬芳。平时种的一些小品，如石菖蒲、文竹、萱草、弹簧草，就像是老人信手拈来的即兴作品，也会搭配不同的文玩、摆件装饰在家里的不同角落。

为了养花，顾宝君切了一半卧室面积给阳台

餐桌旁是老夫妻俩心爱的兰花

张晨玲 / 维果清创始人

健身达人

——在运动中打开新的一天

在一个能够连接户外的地方做瑜伽，是张晨玲一天的打开方式

张晨玲是个运动爱好者，同时也是一名创业者。

曾经在美国生活了12年的张晨玲，在华尔街的投行工作时，她发现这里的每一个人都热衷于运动，之后遇到的她的先生更是如此，那是一位喜欢在业余时间里练习铁人三项的经济学家。受到家人影响，张晨玲也喜欢上了运动。“现在我们出去度假，都会选择能够进行很多户外运动的地方。运动会使你变得更快乐，同时保持更好的状态。”

对张晨玲来说，每一天的打开方式都是从运动开始的。早晨无论是跑步一小时，还是在阳台做瑜伽，运动是她在繁忙的一天开始前尽量让自己安静独处的方法。她觉得跑步让自己保持一种“紧张”的状态，而瑜伽能够把自己“拉开”从而变得舒展。“在运动的时候头脑是最清醒的，因为至少不能在那段时间里接电话。”她说。

在个人居住空间上，张晨玲的家充满了创业者的氛围，一个四面都是黑板的客厅，看起来更像是一个会议室。对于她来说，创业可能是她迄今为止所做过最难的一件事，在强大的压力下，在生活中保持快乐和健康的生活品质就显得尤为重要了。

这个运动达人对于家里的运动空间反倒没有太多预设，她觉得，这个空间甚至不用固定，也不用太大，未必要像《纸牌屋》里那样在家里放个划船机或是什么器械。日常的运动往往是只要一张瑜伽垫，一个小小的通往户外的过渡空间就可以实现了。毕竟，运动这件事，真正重要的不是器材，而是习惯与决心。

Sherry Poon / 策展人

Raefer / 建筑师

Saia

Ruohan

Aoran

Gingy

火车枕木建成的家

——即便是“扔”，也要想到新的循环

十多年前，Sherry和Raefer夫妇从加拿大移居上海，几年后在富民路上购置了老式里弄里的一处三楼小屋。凭借着各自丰富的建筑设计经验，夫妇俩将56平方米小屋改造成85平方米的梦想之家。那时Sherry怀着大女儿，而今第三个孩子已经2岁了。一家五口人连同一只猫安居在改造后的错层小屋中，竟也是绰绰有余。

作为建筑师，加拿大人Raefer有一张相当拿得出手的作品清单，他创建的A00建筑事务所特别专注于环保建筑的设计，曾为莫干山的裸心谷设计过土夯建筑，更担纲设计了中国第一家0碳排放酒店URBN。

女主人Sherry也是建筑师出身，随着孩子们陆续出生，她将自己绝大部分的工作精力都投注在绿色环保上。女儿Ruohan出生后，她发现小朋友喜欢咬衣服，为了给孩子穿安全的有机棉服装，Sherry创立了Wobabybasics童装品牌。她发现在身边同样践行着环保生活方式的伙伴越来越多，就又搭建了环保设计平台Eco Design Fair。

所以，从这对男女主人公的工作经验就能看出来，环保是他们的事业，也是他们所有生活的底色。

走上Sherry家所在的老公寓三楼，经过的二楼半转角处的亭子间被改装成儿童房，增加窗户提升自然光照后，交错地搭了两张高低床，如今是两个女儿的卧室。经过通往三楼的楼梯和一旁总是在楼梯间出没的Gingy——一只陪伴家中孩子们成长的猫，便是三楼家里最大的活动空间——客厅和餐厅。

几年来，除了陆续出生的宝宝，房子和刚装修好时并没有太大差别。看来除了生命的馈赠之外，时间并没有在这个环保之家留下什么痕迹。“可能因为当年就用了回收的旧木头做家具，所以即使八年过去了看起来也就还是这样吧。” Sherry说环保的居家设计一开始的家装费用会比常规多一些，但是维护起来却很省心。

八年前三楼的这间屋子，原本是两个昏暗的房间，Raefer作了拆墙的处理，并且给空间重新布局。如今屋子里被由回收火车枕木所制成的家具所围绕，这也是

家里最大的活动空间是客厅，四周围绕着用回收的火车枕木做的沿窗橱柜和沙发榻

当年URBN酒店所使用的材料。旧木新生后的沿窗书柜、沙发榻、餐桌、厨房高低操作台、楼梯下的收纳柜，与这间老屋里还保留着的三十年代地板和楼梯，共同散发着来自不同时代的温和气息。

三楼半的阁楼和晒台被分别处理为主卧和置物间，随着Aoran长大，置物间又改成了他的卧室。尽管是当年用作置物使用的房间，却在设计时预留了通风窗口和玻璃窗户。因此只要在一边搭一个小台板和一个活动隔挡，Aoran就有了新床榻了。阁楼上的主卧也开了天窗，让原本阴暗逼仄的小空间成了一个采光充足、明亮环保的浪漫卧室，除了你能想到的夜晚看星星，新年的时候还能躺在床上看烟花。

作为环保生活的倡导者，Sherry夫妇在设计家的时候，也把节能环保方面的设计专长实施在各个细节中。室内墙面和屋顶做了保温设计，窗户以高密封性材质和双层玻璃来确保隔音效果。夏天只要把各个房间的窗户打开，屋子里自然就凉风徐来。客厅里尽可能开电扇而很少开空调，家里的两台空气净化器和净水器用来确保室内空气和餐饮洗漱用水的安全洁净。Sherry还会在家中自制环保洗衣皂，带领着两个女儿种花草，还会一起制作天然健康的菠萝面膜。一家人从很

火车枕木打造的壁橱是家里主要的收纳空间，连冰箱也一并收容其中

早的时候就开始注重垃圾分类，分解厨余自制堆肥，尽可能少地制造“垃圾”。

家里的大部分家具是耐用甚至是多用的，沙发扶手拿掉垫子，就变成了一小段滑滑梯。Raefer当年为URBN所设计的几个用环保材料制成的多功能座椅，既是客厅餐椅，也是孩子们写画时的桌椅，在小居室中是多用而灵动的存在。

在Sherry夫妇看来，能够继续和孩子们一起实践绿色生活方式的空间，才是最舒服和自由的家。而他们对于环保的理解，也已经超越了安全建材和花花草草这类私有空间的考量，而是一种高度公共性的社会责任感。“当你在生活中强调保护环境、注重在地社区循环并承担对于环境与未来的责任时，便自然会在家装设计时也融入可持续的观点。”Sherry说。当家里被孩子们弄坏的马桶盖找不到替换款式的时候；浴室洗手台的角落也在某次被孩子砸出一个坑，也找不到同样大小的洗手台替换的时候，Sherry会继续寻找或是暂时“将就”，而不会去更换洗手间装修。不要匆忙地把“坏”的东西扔掉，就像Sherry每隔一段时间会带着孩子们整理家里的旧物，定期捐掉玩具。Sherry告诉孩子们，东西不是看不见就没有了，即便是“扔”，也要想到新的循环。

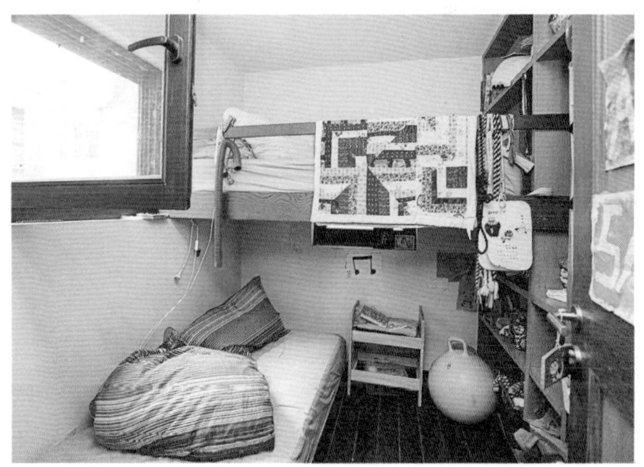

二楼半转角处的亭子间被改装成儿童房，交错地搭了两张高低床，是两个女儿的卧室

小儿子Aoran的卧室是由置物间改的，光照充足的小空间也够他和家人们玩捉迷藏了

绿舍：布迪漫的绿色之家

Designer's Proposal on GREEN LIFE

即便置身都市丛林，人类也从未停止过对自然的渴望。
对于从小在印尼海边长大的室内设计师布迪漫来说，他便是这种渴望的见证者。
在他看来，这二十年里，无论是新加坡还是上海，人们在居住环境中对‘绿色’的诉求，经历了一个逐渐普及、不断被强化的过程。

布迪漫（Budiman）
新加坡空间与室内设计协会会长
CYNOSURE Design Group总裁、创意总监

扫码预览VR版
“绿色之家”

如今对每个设计师而言，绿色生活的需求都应该是一种潜在的设计语言，而首先要确保的就是安全的居家环境，“它促使你从源头去理解什么是绿色”。布迪漫说，这就好比人们在吃一条鱼的时候，在意的已经不仅仅是鱼肉的滋味和质地，还会讲究这条鱼的来源。同样的，人们对生活的思考也已经从基本空间需求，发展为对建材的来源可追溯，以及使用时的安全性、可持续性的兼顾。因而设计师在选择材料时也不仅是考虑它的基本功能或是装饰效果，更多会思考“产品”到消费者手中的整个过程是否都具备绿色环保的安全性。

没有什么设计师是可以告诉人们“应该”如何生活

近几年，布迪漫不仅注重绿色家居实践，还将绿色概念拓展到了产品设计、跨界环保主题设计展等不同领域。而眼下室内设计中“绿色”的话题，也逐渐从选用安全的建材，延伸到了增添居室里的自然气息、实现健康需求的居家环境，以及满足节能环保的可循环生活需求之上。

在“回归自然”趋势的引领下，像布迪漫这样的设计师会选择一些有着“模仿天地”意趣的家居产品，通过它们可以唤起人们对大自然的珍惜之情。而在家里种绿植，或许是最直观的“绿色生活”。此时 个不封闭的阳台就成为新的趋势了，它给了人们更多享受自然环境的可能性。此时为越来越多喜爱在家种植的人，或是希望在阳台上开辟一米菜园的新“都市农人”提供可自动喷淋灌溉的水循环系统便成为新的需求，因为设计师需要考虑在主人出国旅行时也能照顾好植物的方法。

在布迪漫看来，如今没有什么设计师可以告诉人们“应该”如何生活，反之是设计应该随着人们需求的变化而发生改变。“未来我们设计不是为了需要某一种生活，一切的设计都是为了生活而改变。”好的设计必须是容易理解的，也是屏蔽了不必要的复杂的。能够通过设计来解决各种生活需求，便是优质生活设计了。比如对于生活中有着健身习惯，或是希望在家里打造禅意氛围的人来说，可能不仅要在居室中实现多元的生活区间，更需要思考如何实现室内新风循环等健康居室的潜在需求。

绿色的设计往往是没有“风格”的。“室内设计师不要一直都在强调自己的概念或风格，因为要因人而异，不能把你自己认为很棒的风格强加在客户的身上。”而环保的设计，也往往着力于“看不见”的地方，在家装材料中使用可靠来源的可回收材料，无论是经过处理的可回收木料、生态皮革等再度使用时都将出现在必要之处。而设计过程中考虑自然通风和采光，尽可能减少耗能。甚至再利用家庭回收水的循环系统也在设计师的考虑之中。

润物细无声的绿色生活便是如此，在不刻意强调某种风格的同时带有大自然元素和环保的思考，而从处理人与环境的关系开始，再着手人与人之间的关系和人与自我的关系。

绿植墙，是空间内重要的设计手段

平面图

种一个绿意盎然的家

当最基本的衣食住行问题已经得到充分满足后，人们对于居住的追求就毫无疑问地上升到绿色、环保这样更高层级的要求上了。

设计师将绿色环保理念融入室内之中，从水循环系统、空气循环系统等多方面制造出绿色健康的家，在几乎每一个可能的地方都安排了可净化空间、循环利用水的绿植。客厅的可移动绿植墙和卧室的移门，则为这个使用面积为76平方米的居室创造出了更多的可能性。

客厅和卧室

鸟瞰图

可打通的客厅、卧室、客房空间

主卧、客厅、客房，三个空间线性排布，可分可合。主卧与客厅之间用移门来区隔，移门合上时，主卧拥有独立、私密的空间；移门打开，空间变得宽敞明亮，可以在此健身或者瑜伽。

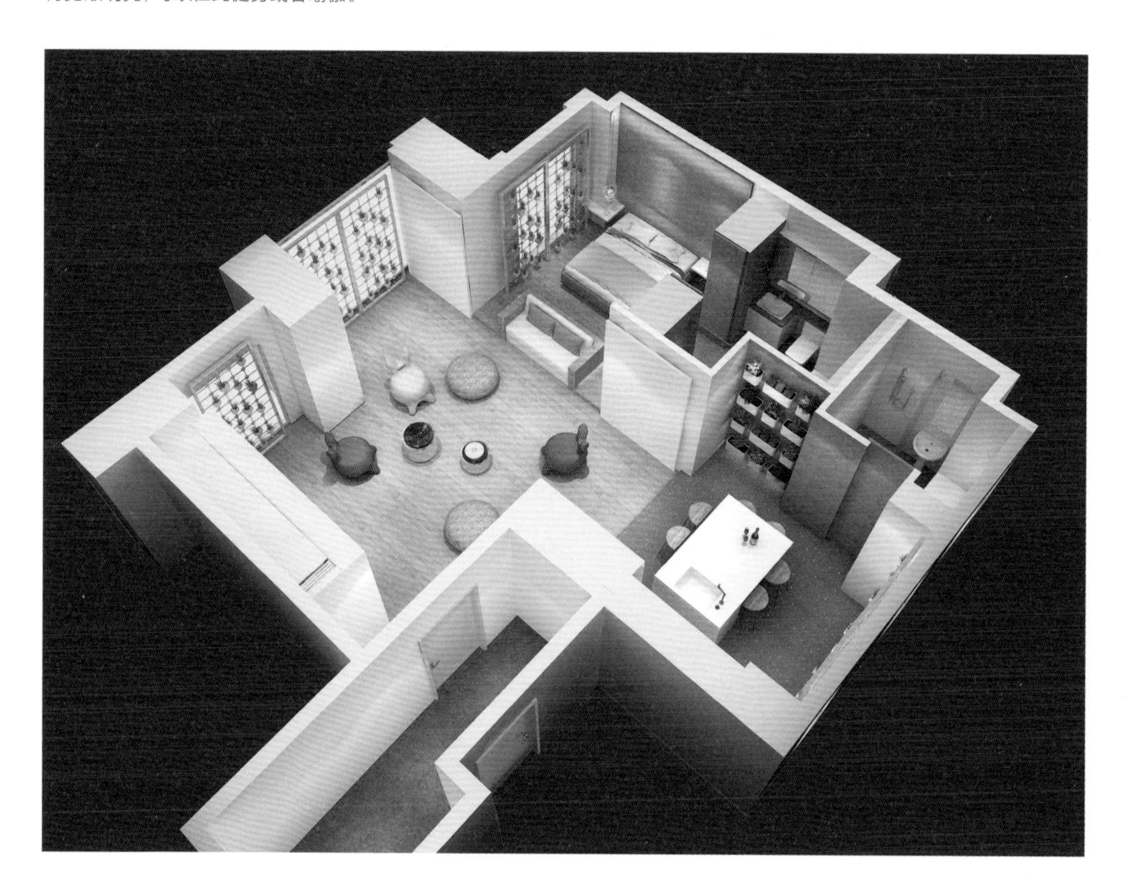

主卧、客厅、客房3个空间既可以打通，又可以通过移门形成一个个独立的空间

暗藏玄机的客厅绿植墙

客厅的绿植墙可移动，沿着预设的轨道移动时，就可以起到分隔空间的作用。当绿植墙靠墙摆放时，留出了一个非常敞亮的客厅；如果把移动墙向外拉出，放在客厅中间，绿植墙和真墙体之间就隔出了一个独立空间，无论是有客人需要留宿，还是主人需要独处一会，多变的空间都可以满足居住的各种需求。

客厅绿植墙还整合了投影仪。

位于客厅的绿植墙

两组大型绿植墙，美观、节能、环保，也可净化空气

空间内有两面大型绿植墙，分别分布在客厅和卫生间。位于在客厅的绿植墙墙体内预装了独立的水循环灌溉系统，让墙体变身为一个大型的立体制氧机，起到净化空气及装饰的作用。卫生间的绿植墙，引入废水回收系统，经由过滤和净化，灌溉绿植墙，或利用废水冲洗马桶等。以充分利用水资源，做到绿色环保生活。

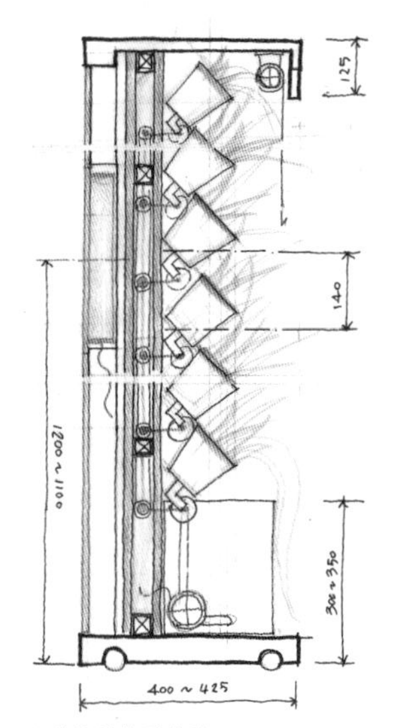

绿植墙结构手绘稿，
底部的轮滑组可以实现墙体的移动

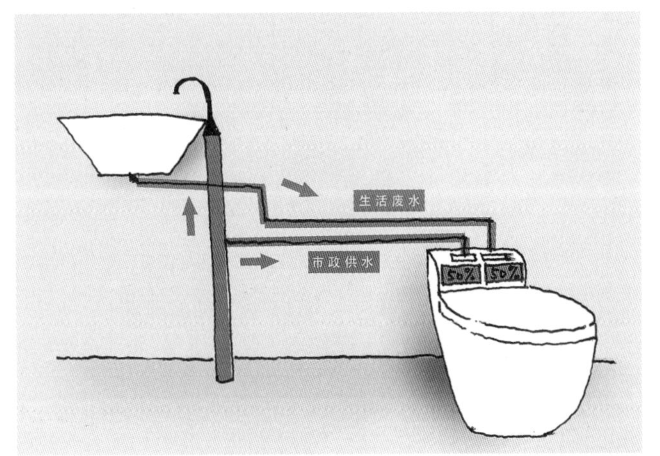

卫生间废水利用装置手绘稿

位于卫生间的绿植墙

倡导回归自然的小心机—— 可净化空气的屏风和有机种植

在通向阳台的落地窗上设置可开合的屏风，并悬挂小型植物。当房间开窗时空气对流，空气透过植物屏风，净化空间，装饰环境，一举两得。

厨房的墙面上，同样也预设了几大排用来种植有机蔬菜和香料的种植区。充分利用厨房或餐厅的墙面的同时，可提供洁净有营养的食物来源，亦可美化环境。

绿植屏风手绘稿

绿植屏风

梁志天

我一直认为设计的目的在于改善生活质素，让人们享受更美好的生活环境。好的设计应能揉合功能与美学，从目标用户的需要及委托人的期望出发，运用设计师的专业能力，设计出美观、实用、各方满意的作品。

后记

贾布

多年以前，我曾为一些家居类杂志撰稿，采访过不少室内项目。那些室内空间比一般的家要高级得多，就是我们通常所说的“豪宅”，无论是空间尺度，还是装修的材料，以及家居配饰，都是极致精致，风格鲜明。

多年后的今天，因为制作这本书，我再次有机会走进陌生人的家里，像一个家居杂志的编辑那样，去观察他们的家庭、空间、生活与幸福，去了解他们对家居空间的小遗憾，以及对未来生活的憧憬和愿望。与以前的工作经验不同的是，这本书里所采访的家庭，是如此普通，他们就是地铁里擦肩而过的路人甲和路人乙，他们是我的朋友，朋友的朋友，他们是和我一样的这个城市里最普通的居住者。

没错，这就是我们在制作这本书时从第一秒就明确的概念：我们关注普通人的生活空间里所承载的普通人的生活方式。

他们又不普通，二十多位被采访人，都是我们的采编团队反复遴选后确定的，我们了解这些被采访人的家庭结构、居住空间，了解他们的生活状态和生活方式。在事先策划的主题下，每一个被采访人，都是某一个主题的典型代表。但同时，他们又有一些具有高度相似性的类型化苦恼，比如空间应付不了生了小孩之后家庭结构的突然改变，比如孩子在成长期间对空间要求的不断变化，再比如东西放不下。

这本书里，除了被采访人的真实家居故事，还有一批海内外最优秀的室内设计师们为这些居住者们所提供的设计解决方案。这些方案不是为某一个具体的特定用户而设计的，而是充分考虑了某一类型居住者的具有共性的需求，比如那些有孩子正在成长的家庭，有老人一起居住的家庭，喜欢在家里开趴的家庭……

当我和本书中所邀请的那些最有创意、最有想法的室内设计师们交流的时候，聆听他们对设计与家居的理解，看到他们对空间处理的方法，还有对细节不厌其烦的考量。这让我惊喜的意识到：家居，原来只有在如此科学严谨的层面上被规划设计之后，才有可能拥有我们梦寐以求的整洁与便捷，而这，不正是一个家持续保持温馨和美好的前提条件么？

图书在版编目（CIP）数据

把美好带回家 / Mehos生活研究院主编；喜布文化组编. -- 上海：同济大学出版社, 2017.1

ISBN 978-7-5608-6670-3

Ⅰ. ①把… Ⅱ. ①M… ②喜… Ⅲ. ①室内装饰设计-作品集-中国-现代 Ⅳ. ①TU238

中国版本图书馆CIP数据核字(2016)第291966号

把美好带回家

Mehos生活研究院　主编

喜布文化　组编

项目统筹　韩强、游威玲、贾布、吴瑾

采访文字　Simone、顾西瓜、刘匪思、徐露梅、陈琳

摄　　影　严寒、丁晓文、760Studio

内页版式　许仁杰、王雅馨、汪彬

封面设计　朱鑫意

VR支持　vidahouse

出品人　华春荣

责任编辑　张睿

责任校对　张德胜

出版发行　同济大学出版社（www.tongjipress.com.cn）

地址　上海市四平路1239号（200092）

电话　021-65985622

经销　全国各地新华书店

印刷　上海雅昌艺术印刷有限公司

开本　787mm×1092mm 1/16

印张　12.5

字数　250 000

版次　2017年1月第1版　2017年6月第2次印刷

书号　ISBN 978-7-5608-6670-3

定价　98.00元